JN198832

大地のビジュアル大図鑑
1
日本列島5億年の旅

# 地球の中の日本列島

監修：高木秀雄

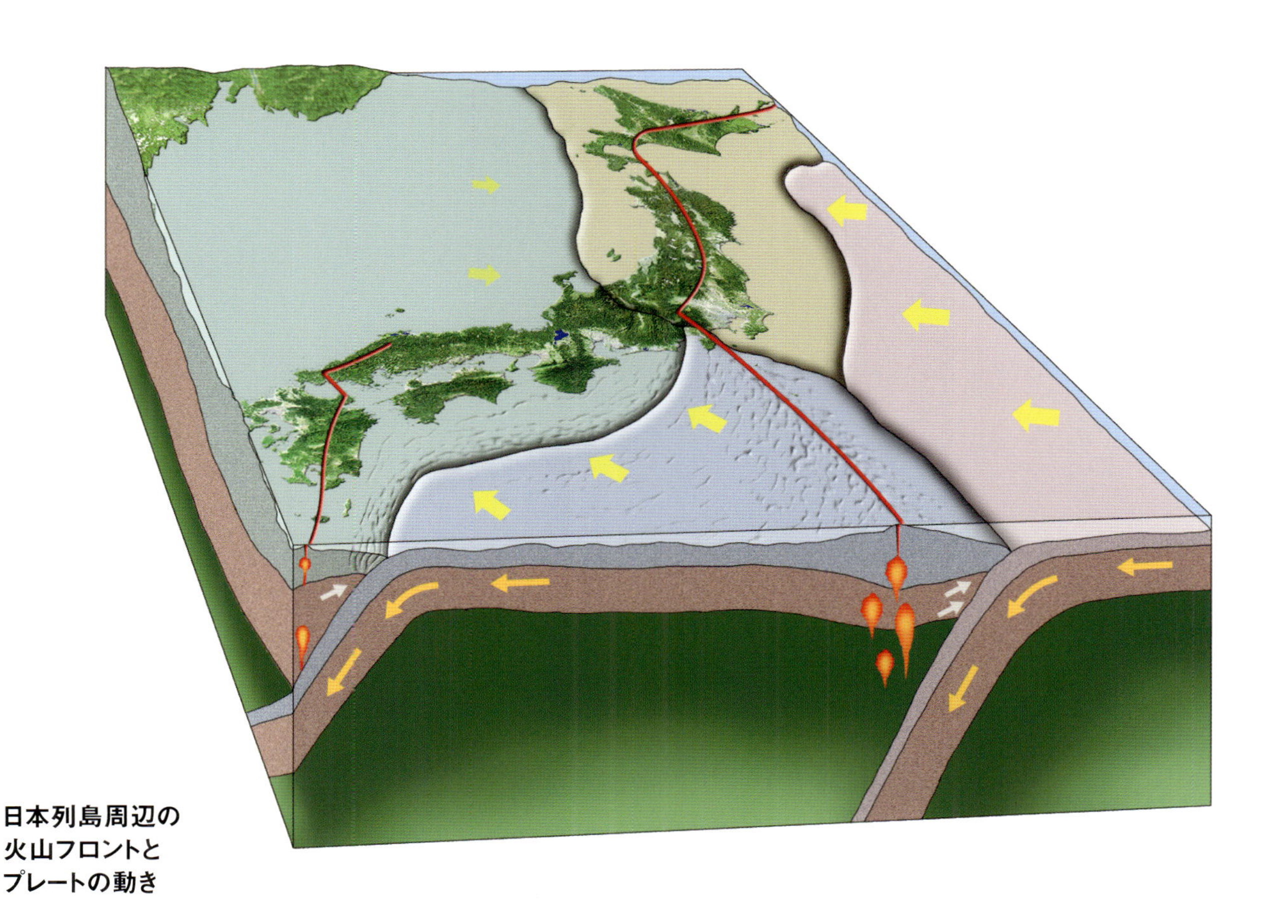

日本列島周辺の
火山フロントと
プレートの動き

# 地球の中の日本列島

# もくじ

● 表紙の写真

岩井崎のサンゴ化石(p.37)

写真:竹下光士

● 裏表紙の写真

知夫里島の赤壁

写真:竹下光士

## 1章 地球の誕生



## 2章 現在の地球のすがた

太陽系と地球(p.13)

画像:NASA

地球のプレート(p.20)

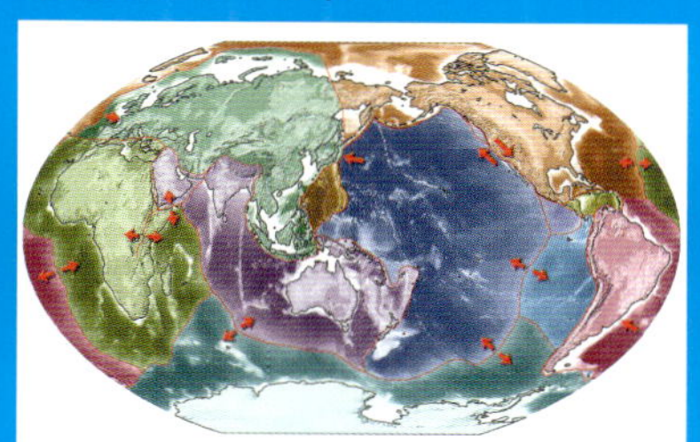

阿蘇カルデラ(p.42)

写真:竹下光士

## 3章 日本列島の誕生

## 4章 現在の日本列島のすがた

# はじめに

シリーズ「日本列島5億年の旅 大地のビジュアル大図鑑」は、地球という惑星の営みが生みだした火山や地震、地層、岩石や鉱物、そして生き物の痕跡である化石について、多くのイラストと写真を用いてわかりやすく解説しています。このシリーズで取りあげている地球の営みは、太陽系の惑星が誕生して46億年というとてつもない長い時間のなかの一コマとして生みだされてきました。地球は、太陽系の8つの惑星のなかでも、太陽からの奇跡的な距離によって、太陽系で唯一の水の惑星であり、多くの生命を育んできました。

このような地球のなかで、私たちがすむ日本列島も、もともと大陸の一部でした。それでは日本列島はどのように生まれてきたのでしょうか。本書では、地球46億年の歴史を1年のカレンダーにおきかえてふりかえり、地球の構造、さらに私たちがすむ日本列島の誕生と歴史、その骨組みについて解説します。それでは、惑星地球の旅を楽しみましょう。

高木秀雄

# この本の使い方

この本は、地球や日本列島の成り立ちをイラストと写真で紹介することで、私たちがくらす大地のふしぎについて知ることができるように工夫されています。

- **1章** 地球がどのように誕生したのかを解説しています。
- **2章** 地球内部のつくりや活動のようすを解説しています。
- **3章** 日本列島の成り立ちを4ステップで解説しています。
- **4章** 日本列島の大地を5つの地域に分けて解説しています。

見開き（2ページ）で1つのテーマをあつかう。

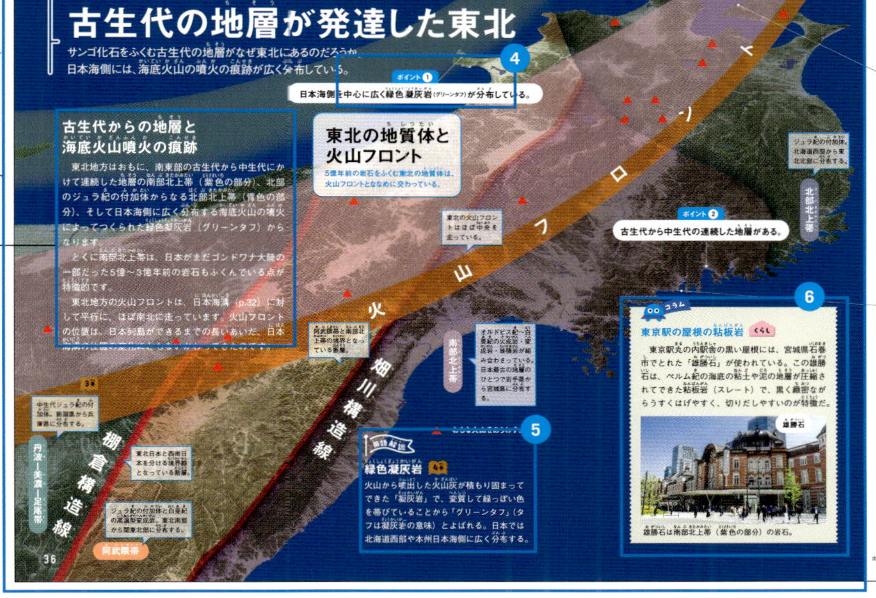

古生代の地層が発達した東北
古生代からの地層と海底火山噴火の痕跡
東北の地質体と火山フロント
火山フロント
棚倉構造線
畑川構造線

仏ヶ浦の奇岩
岩井崎のサンゴ化石


たくさんの写真とイラストを使ったわかりやすい解説。

**1 写真**
代表的な地形や岩石などを紹介している。

**2 イラスト**
地球内部のつくりや大地の成り立ちなどが絵でわかるように示している。

**3 本文**
見開きであつかっている地球内部のつくりや大地の成り立ちなどについて解説している。

**4 ポイント**
とくに注目すべき内容を大きく示している。

**5 用語解説**
そのページの内容をより深く理解するために必要な用語の意味を解説している。

**6 コラム**
大地にまつわるエピソードを紹介している。

**アイコン** ◉ アイコンは、シリーズ「日本列島5億年の旅 大地のビジュアル大図鑑」の全6巻共通で使用しています。

ほかの巻に関連する内容は、以下のアイコンで示している。

- 2巻 地球は生きている 火山と地震
- 3巻 時をきざむ地層
- 4巻 大地をつくる岩石
- 5巻 大地をいろどる鉱物
- 6巻 大地にねむる化石

水 水に深くかかわるもの。

くらし 人びとのくらしにとって大切なもの。

（例）

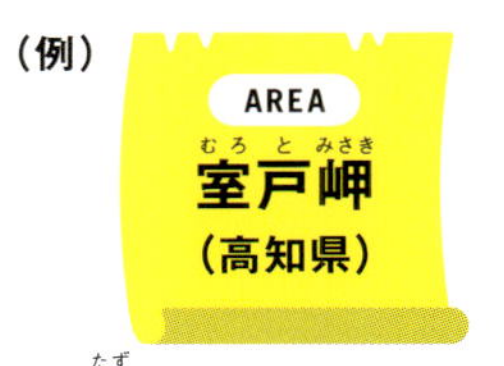

AREA
室戸岬
（高知県）


訪ねることができる場所。

# 私たちがくらす星「地球」

はるか昔46億年前に、私たちがすんでいる地球が生まれた。
さまざまな命を育む母なる地球はどのようにできたのだろうか。

## 地球カレンダー

地球カレンダーとは、地球の歴史46億年間を1年間に表したカレンダーです。カレンダーの1か月は3億8000万年、1日は126万年にあたります。

地球の歴史を1年間のカレンダーに見立てると、時間の経過がわかりやすいよ。

地球のできごとを見てみよう。

1月　地球の誕生　46億年前（1月1日）

2月　世界最古の岩石　40億年前（2月16日）

3月　生命の誕生　38億年前（3月4日）

4月

5月

6月　酸素を発生させる生き物の出現　25億年前（6月15日）

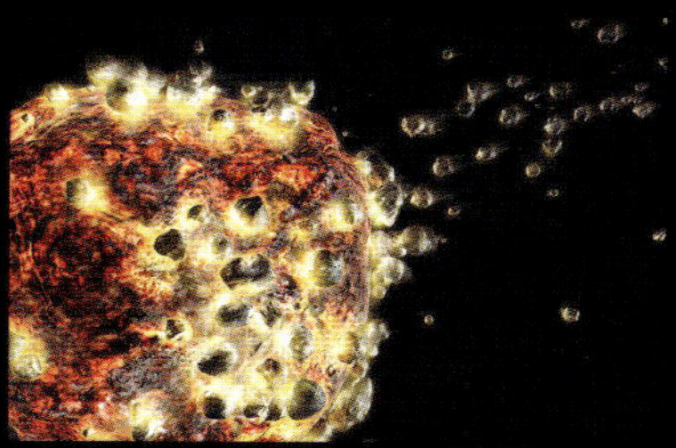

ちりが集まって小さな惑星となり、さらに小さな惑星どうしがぶつかりあって大きくなり、地球が誕生した。

所蔵:奇石博物館

カナダから産出した世界最古の岩石（片麻岩）。マグマが固まって大陸と岩石がつくられた。

地球観測衛星によって撮影された地球。これほど豊かに液体の水があり、さまざまな生き物が確認されているのは、太陽系では地球だけだ。

写真:NASA

酸素をつくりだす微生物シアノバクテリアが登場し、しだいに大気中に酸素がふくまれるようになった。

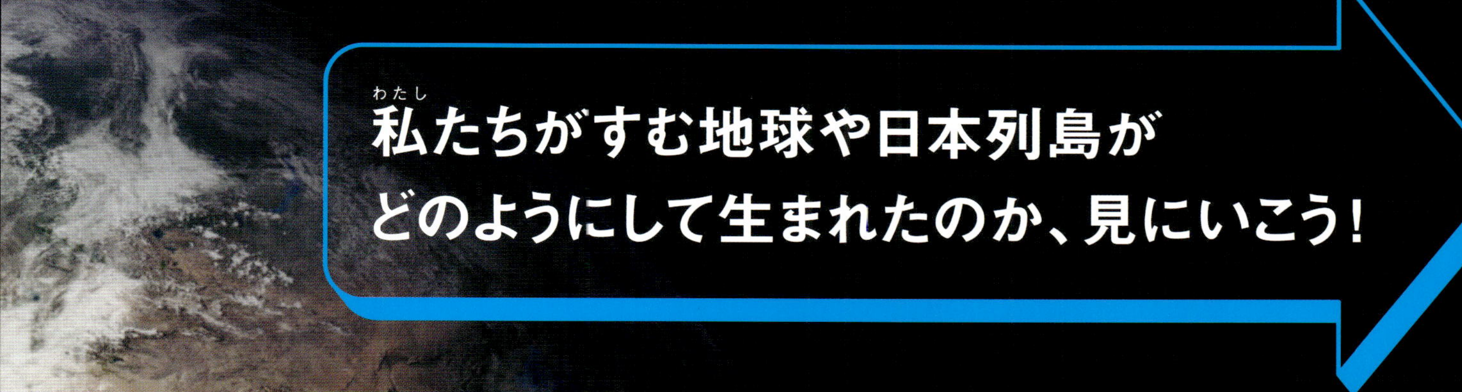
私たちがすむ地球や日本列島が
どのようにして生まれたのか、見にいこう！

人類の歴史は、
地球の歴史のなかでは
とても短いね！

**超大陸パンゲアの形成**
3億年前（12月7日）

**恐竜の絶滅**
6600万年前（12月26日）

**日本海の形成**
1500万年前（12月30日）

**人類の誕生**
700万年前（12月31日）

現在

**12月**

**カンブリア大爆発**
5億年前（11月21日）

**11月**

**超大陸**
**ロディニアの形成**
10億年前
（10月12日）

**10月**

**真核生物の誕生**
21億年前（7月17日）

**9月**

**8月**

**7月**

アフリカで誕生した人類はいくつもの種の誕生と絶滅をくりかえし、現在の人類であるホモ・サピエンスは20万年前（年明け23分前）に登場した。

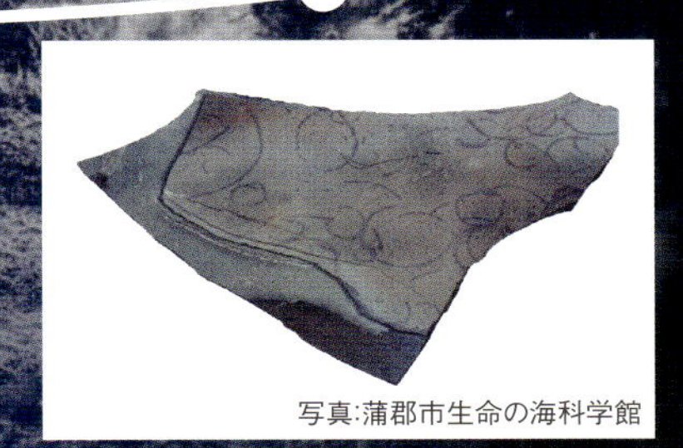

写真：蒲郡市生命の海科学館

最古の真核生物グリパニアの化石。細胞に核をもつ真核生物が生まれ、小さかった生き物の体が大きく進化した。

カンブリア紀の生き物アノマロカリス。カンブリア紀にはさまざまな生き物が登場した。

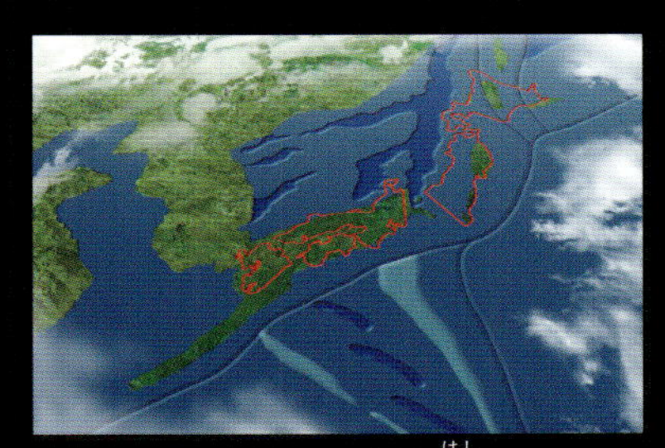

ユーラシア大陸の東の端がはなれて日本列島となり、あいだにできた裂け目に海水が入って日本海となった。

三畳紀、ジュラ紀、白亜紀と繁栄した恐竜が白亜紀末に絶滅して、哺乳類が台頭した。

# 地球の始まり

46億年前、地球は、太陽やほかの惑星とほぼ同時に生まれた。
その始まりを3ステップで見ていこう。

## 1 小さなちりが集まり たくさんの微惑星ができた

ちりが集まり数kmの「微惑星」になる。そしてさらに成長していく。

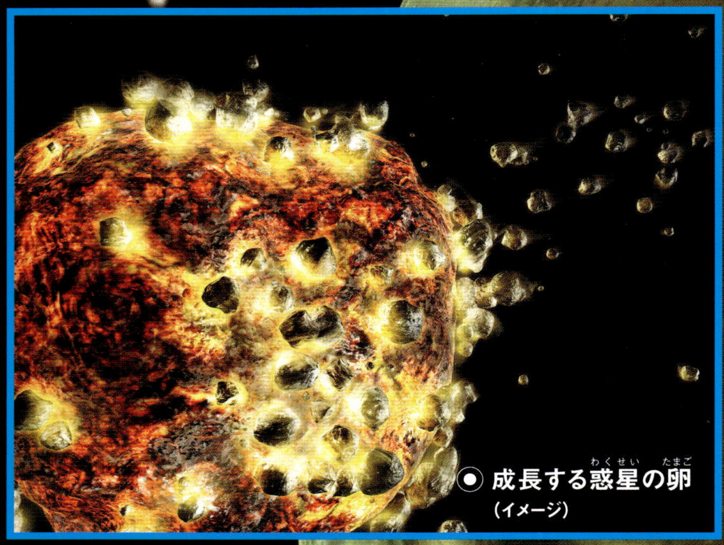
成長する惑星の卵
(イメージ)

小さなちりが集まって成長した惑星の卵。地球がつくられていたころ、地球の軌道近くでは直径10kmの微惑星が100億個あったと考えられている。

### ちりから小さな石、そして小さな惑星「微惑星」に

46億年前、ガスとちりがぎゅっと集まったかたまりから、太陽が生まれました。太陽の材料の残りが、円盤のような形で集まったのが原始太陽系です。そのころのちりは、1mmの1000分の1ほどの大きさでした。それらが重力によって集まり、小さな石の大きさまで成長し、衝突と合体をくりかえして数kmサイズの「微惑星」に成長していったのです。

太陽系の惑星は、もともと太陽の材料と同じものでつくられたんだ！

コラム

### 地球と月のかんらん石は同じ?

2024年に月面着陸に成功した探査機SLIMの観測から、月の石の中には「かんらん石」がふくまれていると確認された。月のかんらん石と地球のかんらん石をくらべることで、月がどのようにできたかをさぐることができると期待されている。

写真:JAXA/タカラトミー/ソニーグループ(株)/同志社大学

SLIMは月面にピンポイント着陸して、特殊なカメラで月の石の成分を分析することができる日本の探査機。

写真:石橋隆

地球の内部「マントル(p.14)」に多くふくまれているかんらん石。

## 2 微惑星から原始惑星へ

微惑星どうしが重力で引きあって衝突と合体をくりかえし、大きく成長していった。

### 原始惑星

地球やほかの惑星の前身となった惑星。微惑星から原始惑星になるまで、数百万年もの年月がかかった。

### 地球は少しずつ大きくなった

いくつもの微惑星どうしが衝突をくりかえし、大きくなっていきました。微惑星のサイズが大きくなるほど、成長スピードは増していきます。また、いびつだった形もきれいな球形になっていきました。そうして微惑星はより大きな「原始惑星」となり、たびかさなる衝突と合体によってさらに大きく成長していきました。

原始の地球は、微惑星の衝突と高温というとても過酷な環境だったんだよ。

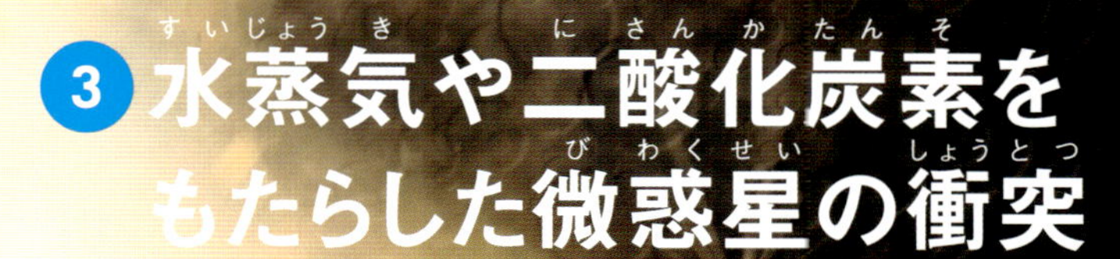

## 3 水蒸気や二酸化炭素をもたらした微惑星の衝突

原始地球の表面はマグマの海だった。ここで大気のもとが生みだされた。

◉ 原始地球の表面（イメージ）

多くの微惑星が高速で衝突し、その熱で原始地球の表面は超高温となった。

### 地球の大気のもとができた

原始地球の表面には、秒速数十kmという猛スピードで微惑星が衝突しつづけました。原始地球は衝撃のエネルギーをためこんで高温になり、マグマの海におおわれていきました。衝突地点は1万6000℃にもなり、微惑星や原始地球の物質はとけたり蒸発したりしました。蒸発したガスは、二酸化炭素、水蒸気、窒素からなる原始大気となりました。

# 水の惑星 地球の誕生

生き物は、水がないと生きていけない。
地球に生き物が誕生し、くらしていけるのは、水のおかげだ。
地球は水の惑星といわれているように、海におおわれた青い星。
海はどうやってできたのか、その始まりを3ステップで見ていこう。

水

## 1 微惑星にふくまれる水や物質が蒸発して大気へ

海ができるにはまず大気が必要だった。大気はどのようにつくられたのか。

◉ 微惑星の衝突で生まれた原始の大気（イメージ）

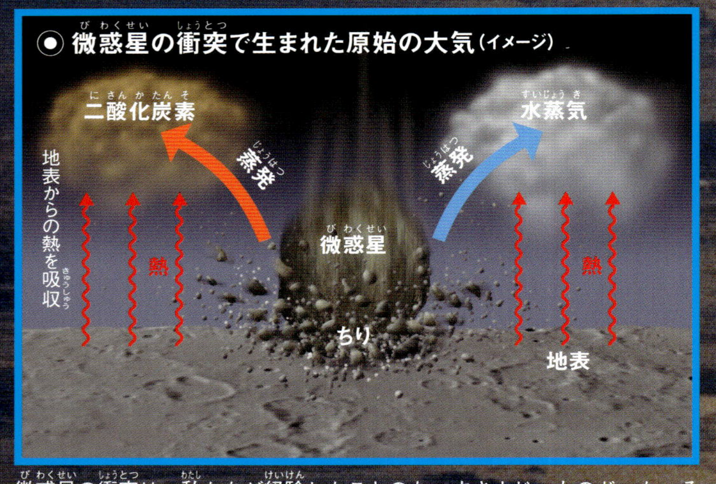
二酸化炭素
水蒸気
蒸発
蒸発
地表からの熱を吸収
熱
熱
微惑星
ちり
地表

微惑星の衝突は、私たちが経験したことのないすさまじいものだった。その衝撃は数千km（東京から中国の北京までは約2000km）にもおよんだ。

出典：鎌田浩毅（2022）「地球にできた「原始大気」彗星・隕石の衝突で「脱ガス」」などをもとに作成

### 微惑星の衝突によって原始大気がつくられていった

原始地球には、大小さまざまな微惑星が超高速で衝突し、その衝撃で微惑星や原始地球の物質はとけたり蒸発したりしました。蒸発した物質はガスになりました。ガスには二酸化炭素などのほかに、水や氷が蒸発してできた水蒸気もふくまれていました。それらのガスが地球をとりまき、地球の大気がつくられました。また、とけた物質のうち、重い金属の成分は地球の内部に沈んでいきました。

## 2 猛烈な強酸の雨がふり、海ができた

微惑星の衝突が減ると、地球は冷えた。水蒸気も冷やされて雨となった。

◉ 原始の海（イメージ）

高温の大気、強い酸性（強酸）の海と、とても生命が存在できるような環境ではなかった。

### 猛烈な雨が1000年降った

大気や地球表面が冷えると、大気中の水蒸気が冷やされて厚い雲となり、猛烈な雨が約1000年間も降りつづきました。雨には二酸化炭素などがとけこみ、海水は強い酸性だったと考えられています。しかし、岩石からとけだしたアルカリ性のナトリウムやマグネシウムなどによって、やがて海水は中和*されました。ナトリウムやマグネシウムは塩の成分で、海水が塩からいのはこのためです。

*酸性とアルカリ性の水溶液がまざり、水と塩が生じること。

## ③ 海洋地殻がとけて、大陸地殻が生まれた

海ができると、海底が冷えて固まり「地殻（p.14）」ができた。

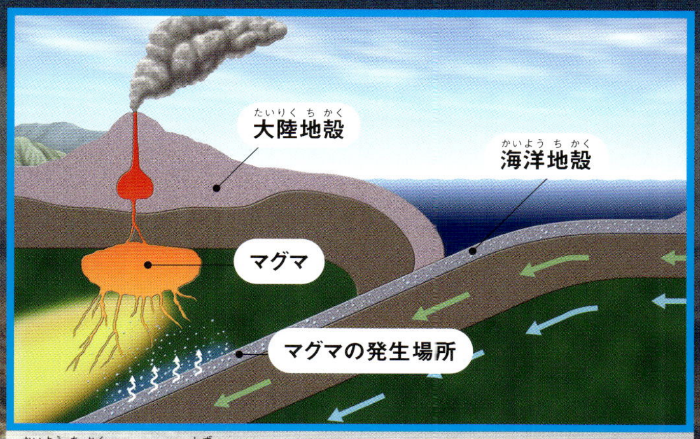

大陸地殻
海洋地殻
マグマ
マグマの発生場所


海洋地殻が地中に沈みこむと、地下の高温でとけてマグマとなり、火山などから噴出する。それが冷えて固まり、大陸地殻がつくられる。

### マグマになって大陸地殻へ

地球の表層は岩石からできていて、地殻とよばれます。地殻は、海底の重い「海洋地殻」と陸部分の軽い「大陸地殻」に分けられます。海洋地殻をつくる、水をふくむ玄武岩が地中に沈みこむと、地下の高温でとけてマグマになります。そのマグマから、花崗岩という岩石からなる大陸地殻がつくられました。こうしてほとんど海だった原始地球に、陸地ができていったのです。

とても
長い時間をかけて
今の海が
できたんだね。
地球の
表面の約70％が
海におおわれて
いるんだ。


**宇宙から見た地球の海**

地球の青さは海の色だ。海ができたからこそ、現在のようにさまざまな命が生きられる環境が整った。

コラム

### 地球から海水がなくなる？

地球は、外側から順に「地殻」「マントル」「核」に分かれており、それぞれがゆっくりと動いている（p.14）。海洋地殻とマントルの上部は、多くの海水をふくんだまま地球内部にもぐりこんでおり、毎年23億トンもの海水が、地球内部に吸いこまれていると考えられている。これが本当ならば、6億年後には海水はなくなることになる。

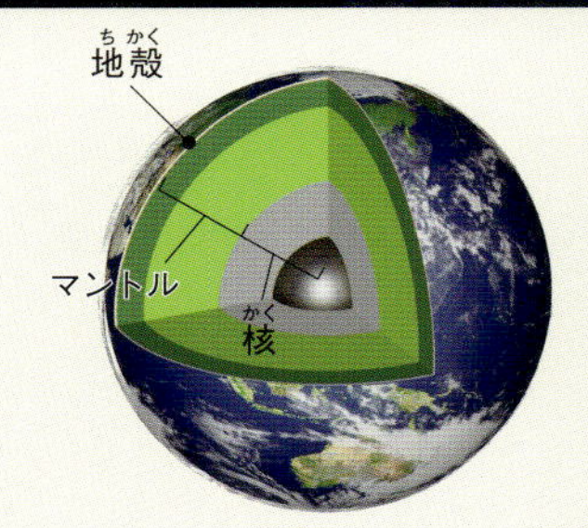

地殻
マントル
核


地球の内部構造。外側から地殻、マントル、核の3層からなる（くわしくはp.14参照）。

写真:NASA

# 地球はどこにある?

私たちがくらす地球は、太陽を中心とした「太陽系」のなかにあり、
「太陽系」は太陽のような星がたくさん集まった「天の川銀河」のなかにある。

## 「天の川銀河」は宇宙に無数にある銀河のひとつ

宇宙には2兆個の銀河があると考えられている。そのひとつが私たちの「天の川銀河」だ。

◉ 天の川銀河

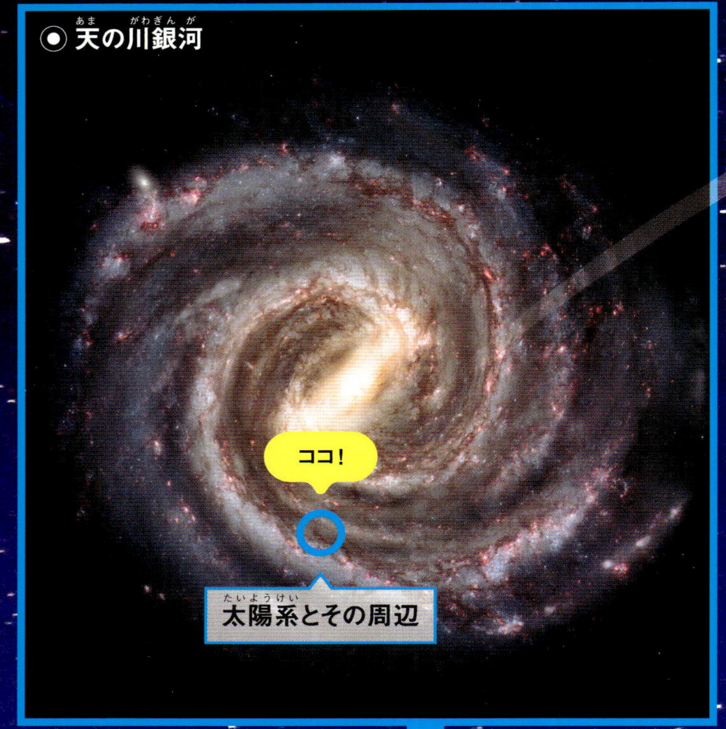

ココ!
太陽系とその周辺


画像:NASA

### 太陽系は天の川銀河の端にある

夜空に白い帯のように見える天の川銀河は、うずを巻いた巨大な円盤のような形で、その直径は10万光年になります。これは、1秒間に30万kmもの距離を進む光が、銀河の端から中心を通って反対側の端まで移動するのに、10万年かかる大きさです。太陽系は、多くの星が集まった銀河の中心から3万光年はなれた位置にあります。天の川銀河は回転しており、太陽系が銀河の中心を1周するのに2億年かかります。

銀河は、光を出して輝く太陽のような「恒星」がたくさん集まってできている。天の川銀河にはおよそ1000億個もの恒星があると考えられている。

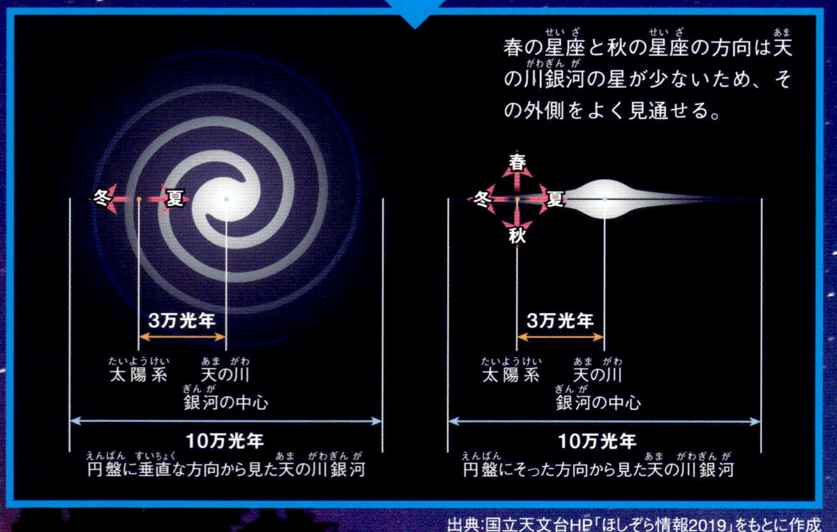

春の星座と秋の星座の方向は天の川銀河の星が少ないため、その外側をよく見通せる。
冬
夏
3万光年
太陽系
天の川
銀河の中心
10万光年
円盤に垂直な方向から見た天の川銀河
春
秋
冬
夏
3万光年
太陽系
天の川
銀河の中心
10万光年
円盤にそった方向から見た天の川銀河


出典:国立天文台HP「ほしぞら情報2019」をもとに作成

◉ 天の川銀河(銀河系)と太陽系の位置関係

天の川銀河の中心部には多くの恒星が集まっているが、さらにその中心には巨大ブラックホールがある。このブラックホールは太陽の400万倍もの質量があり、まわりのガスや星をのみこんでいて、光も出てこられないと考えられている。

**夜空に輝く天の川銀河**

まちの光が少なく、空がひらけた場所で観察してみよう。夏は地球が銀河の中心を向くため、より濃く見える。

# 地球は太陽系の3番目の惑星

太陽系は太陽とそのまわりを回る8つの惑星からなる。地球は、その惑星のうちのひとつ。

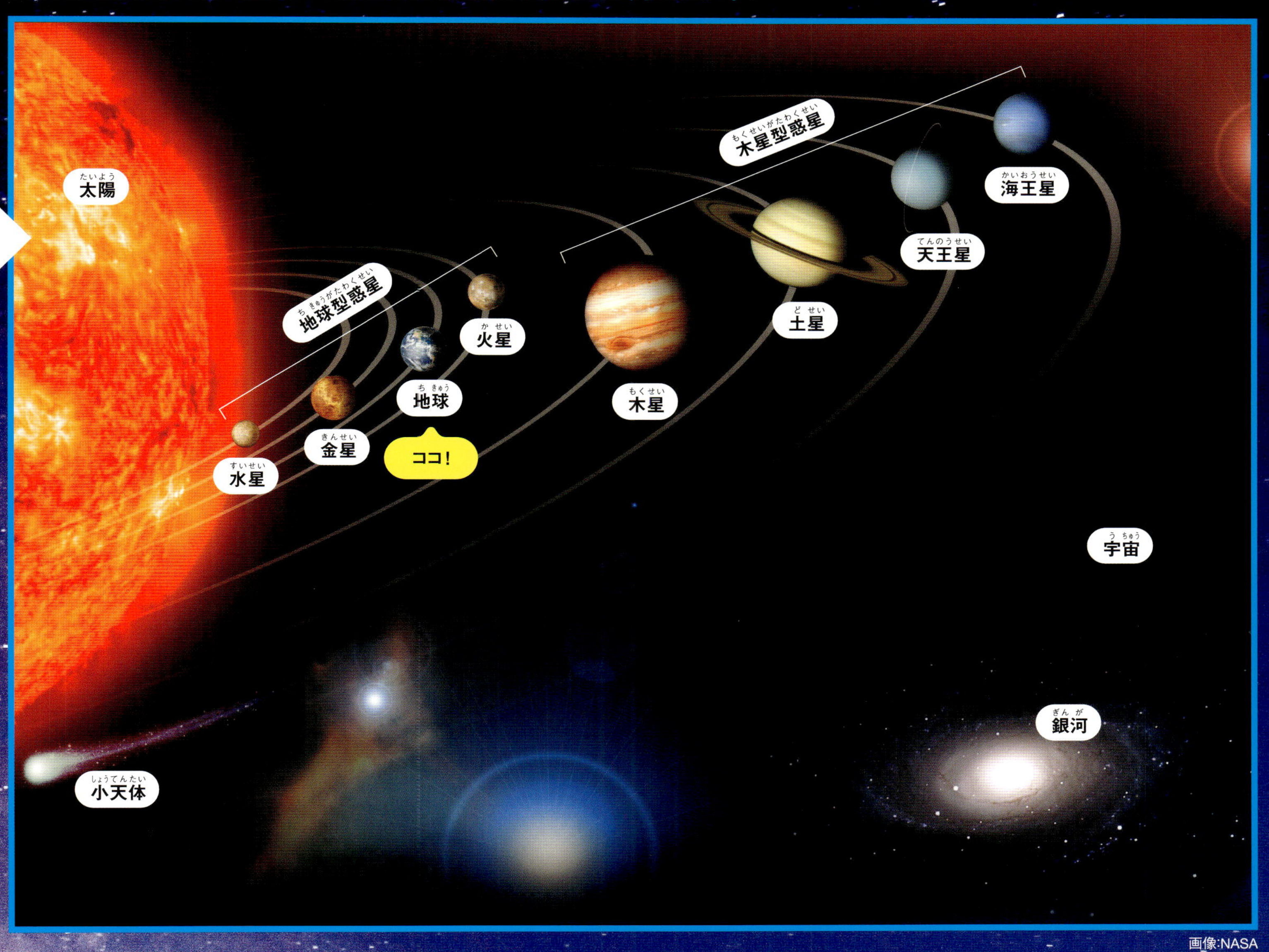

太陽
木星型惑星
海王星
天王星
地球型惑星
火星
土星
地球
木星
金星
ココ！
水星
宇宙
銀河
小天体


画像:NASA



## 太陽系と私たちの地球

地球は、いちばん内側の水星から数えて3番目の惑星です。水星、金星、地球、火星はおもに岩石からできており、「地球型惑星」とよばれています。外側にある木星、土星、天王星、海王星は、ガスや氷でできている「木星型惑星」とよばれ、まわりに輪があります。また、ほとんどの惑星には、まわりを回る衛星があります。地球の衛星は月です。

太陽系のなかで、地球は太陽に近いほうにあるんだね。
太陽との距離がちょうどいいから、地球は生き物が生きるのに適した気温なんだ。

# 地球の中身をのぞいてみよう

地球は生きている。そして、次つぎと新しい大地がつくられている。
誕生してから46億年、現在の地球の内側を見てみよう。

## 地球をゆで卵にたとえると

ゆで卵にたとえると殻が地殻、白身がマントル、黄身が核にあたる。

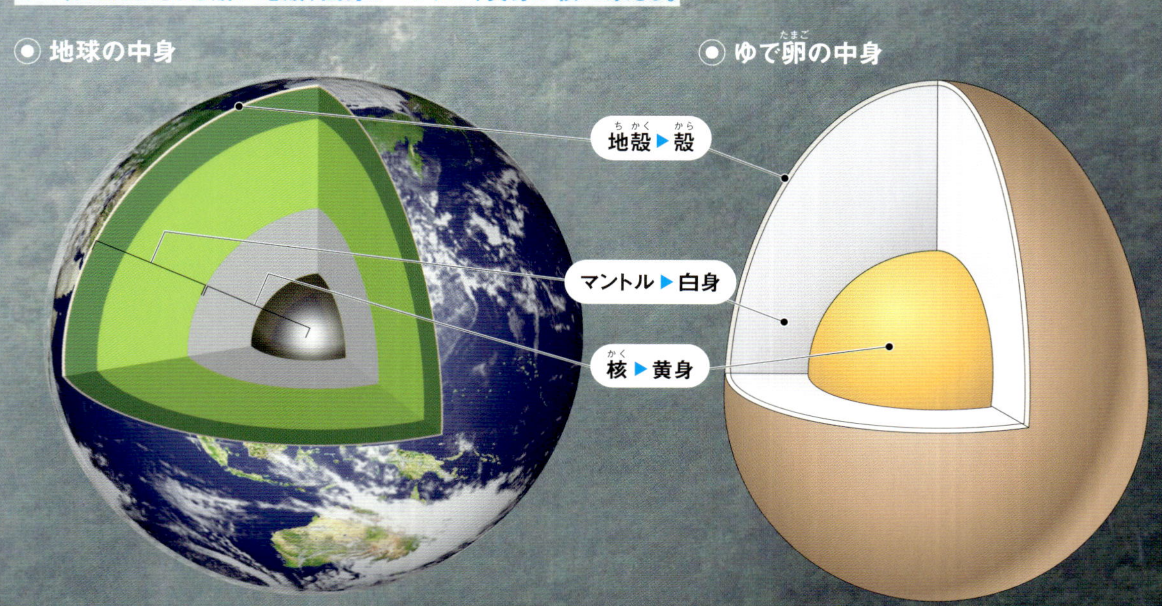

地球の中身
ゆで卵の中身
地殻▶殻
マントル▶白身
核▶黄身


地球の半径は約6400km。地表からの深さ6～40kmの地殻、深さ2900kmまでのマントル、中心部の核の3層に分かれている。マントルは、上部マントルと下部マントルに分けられる。

## 地球の内部構造 4巻

地殻は玄武岩や花崗岩からなる軽い岩石、マントルはかんらん石を多くふくむ重い岩石、核はおもに鉄からできていて、中心ほど重く熱くなっていきます。それぞれの層の中はゆっくりと対流していて、1周するのにかかる時間はそれぞれ核は1000年～10億年、マントルは1億～20億年、地殻は3000万年くらいと考えられています。

## 地表にあらわれたマントルの岩石 5巻

私たちがふみしめている大陸地殻は厚く、技術的にむずかしいため、人類は地殻を掘ってその下のマントルに達したことはありません。しかし、マントルの岩石でできているめずらしい山があります。北海道の日高山脈にあるアポイ岳(p.35)です。アポイ岳は造山運動によって地殻とマントルが地表におしあげられてできた、地球の内部にさわれる貴重な場所です。

かんらん石
マントルは
岩石だけど、
対流しているの？
そうだよ。
とてもゆっくりだけど、
動いているんだ。

写真:石橋隆

かんらん石は、オリーブ色に由来して「オリビン」ともよばれる。

写真:竹下光士

# 地球をつくるおもな岩石3種

地球の表層は岩石からできている。上部マントルはかんらん岩、海洋地殻はおもに玄武岩、大陸地殻はおもに花崗岩からなる。これらは、どんな岩石なのだろうか?

## 1 かんらん岩 4巻

かんらん岩は、地殻の下、上部マントルを構成する岩石だ。

写真:高木秀雄

かんらん岩は数十kmほどの深い場所にあるが、造山運動や火山活動でマグマに運ばれて地上にあらわれることもある。

コラム

### 地球の中心、核は鉄でできている

核は岩石より重い鉄でできており、外核は液体、内核は固体だ。地球の核を取りだして見ることはできないが、ほかの星の中心部のかけらは、博物館などで見ることができる。それは「隕鉄」という、宇宙から飛んできた隕石のうち、鉄でできたものだ。隕鉄は、地球の核のようすを知る重要な手がかりとなる。

◉ 隕鉄

### マントルをつくる緑色の岩石

かんらん岩は、かんらん石という緑色の鉱物を多くふくむ岩石です。地表近くでつくられる岩石よりも重くてかたく、全体的に緑がかった色をしています。かんらん岩は水分と反応して別の岩石に変質してしまうことが多く、変質すると黒っぽい色になり、やわらかくなります。

岩石について
もっと
知りたくなったら、
4巻を読もう!

◉ 地球の内部構造

地球の表層から順に、地殻、マントル(緑色の部分)は上部と下部、核は外核と内核がある。

地殻
(深さ6〜40km)
マントル
(深さ2900km)
上部マントル
下部マントル
核
内核
外核

## ② 玄武岩 4巻

**玄武岩は、海底をつくる海洋地殻を構成する岩石だ。**

1cm

所蔵:国立科学博物館

玄武岩はかたくてじょうぶなことから、石垣や建物の床などに使われることもある。兵庫県にある玄武洞が名前の由来。写真は、山梨県鳴沢村産の玄武岩。

**● 海洋地殻と大陸地殻**

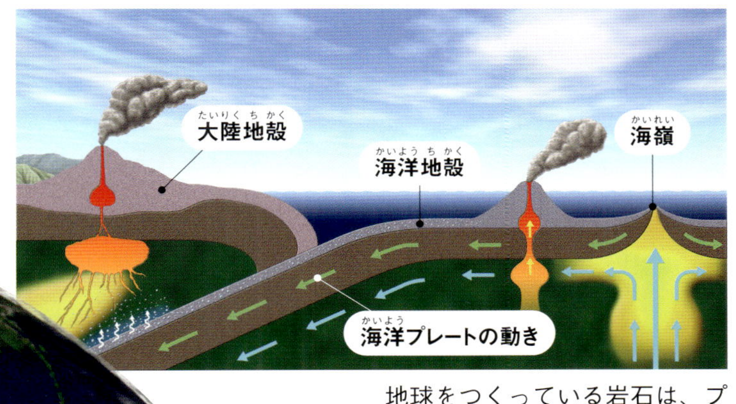

大陸地殻
海洋地殻
海嶺
海洋プレートの動き


地球をつくっている岩石は、プレートの動きによって長い時間をかけて生まれたものだ。

地殻とマントルをつくるおもな岩石は、3種類なんだね。


## 海底をつくる黒っぽい岩石

玄武岩は黒っぽい岩石で、海底の火山活動でつくられたマグマや溶岩*が急に冷えて固まることでできます。火山活動によって海底がつくられ、地殻と上部マントルの移動によって運ばれることをくりかえして、地球表面の7割を占める現在の海底がつくりだされました。

*地下から地上に出てきたマグマを溶岩とよぶ。

## ③ 花崗岩 4巻

**花崗岩は、陸地をつくる大陸地殻の上部を構成する岩石だ。**

1cm

所蔵:国立科学博物館

日本で見られる花崗岩は白っぽい色をしたものが多い。もようが美しいため、仏像や墓石、表札などに使われる。写真は、岡山県岡山市産の万成石。

## 大陸をつくる白っぽい岩石

花崗岩は、マグマが地下深くで数十万～数百万年ほどかけてゆっくり冷えて固まってできる岩石です。玄武岩よりも軽く、ゆっくり冷えるため、中にふくまれる鉱物の結晶の粒が大きいのが特徴です。大陸地殻の上部はおもに花崗岩でできているので、日本各地でも広く見られる岩石です。なお、大陸地殻の下部は玄武岩と組成が同じ斑れい岩でできています。

# 地球を動かす内部の力

地球の内部は熱く、それぞれの層の中で対流が起きていて、
それらが地球の活発な活動の源になっている。地球内部の動きを見てみよう。

## 今も残る地球誕生時の熱

生まれたばかりの原始地球（p.9）は、ドロドロしていて超高温だった。
その熱のなごりが今でも地球のエネルギー源となっている。

原始地球のイメージ

原始地球には大小さまざまな微惑星が衝突し、そのときの熱で表面は非常に高温のマグマの海（マグマオーシャン）だった。

### 46億年前のなごり

地球ができたころ、たび重なる微惑星（p.8）の衝突によるエネルギーが熱としてためられ、表面も内部もドロドロにとけていました。内部では重い鉄から中心に集まり、しだいに冷え固まっていったのです。現在の核の中心温度は約6000℃、誕生時からは300℃冷えたと考えられています。いっぽうで、内部では放射性物質が変化することで熱が生みだされているため、冷えるスピードはおそくなっています。

## 地殻とマントルの誕生

次つぎと衝突する微惑星の運動エネルギーが熱エネルギーにかわり、原始地球の内部に変化が起きた。マントルの誕生だ。

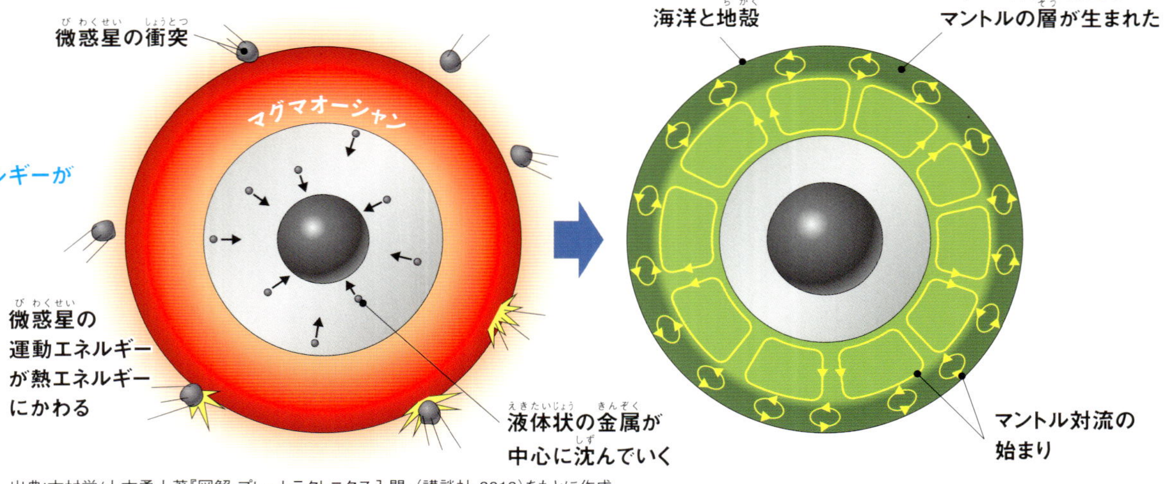
微惑星の衝突
マグマオーシャン
微惑星の運動エネルギーが熱エネルギーにかわる
液体状の金属が中心に沈んでいく
海洋と地殻
マグマの海が冷えてマントルの層が生まれた
マントル対流の始まり

出典：木村学/大木勇人著『図解・プレートテクトニクス入門』（講談社・2013）をもとに作成

### マントルは対流している

熱くてドロドロの地球内部は、中心から重い鉄の層と岩石がとけたマグマの層に分離しながら表面から冷えていきました。やがて表面が冷え固まって地殻が、その下の層にマントルができました。現在のマントルは熱い岩石の状態ですが、下から熱せられた水のように対流していて、動くスピードは1年で1～10cmほどです。マントルは、上部マントルと下部マントルに分かれていて、それぞれ対流のスピードはちがいます。

## 地球の表面も動いている

地球の表面は、たえず移動するかたいプレート(p.20)でおおわれています。プレートが動く原因には2つの説があり、1つは対流するマントルにプレートが引きずられて動くという「マントル対流説」。もう1つは、プレートがその重みで沈みこんでいくため、その力が全体を引っぱるという説です。テーブルクロスの端を引くとそのままテーブルクロスが落ちるのと似ていることから「テーブルクロス説」とよばれます。



## 地球内部で起こる動き

地球の内側で起こっていることを見れば、地球がまさに生きていて、活発に活動していることがよくわかる。

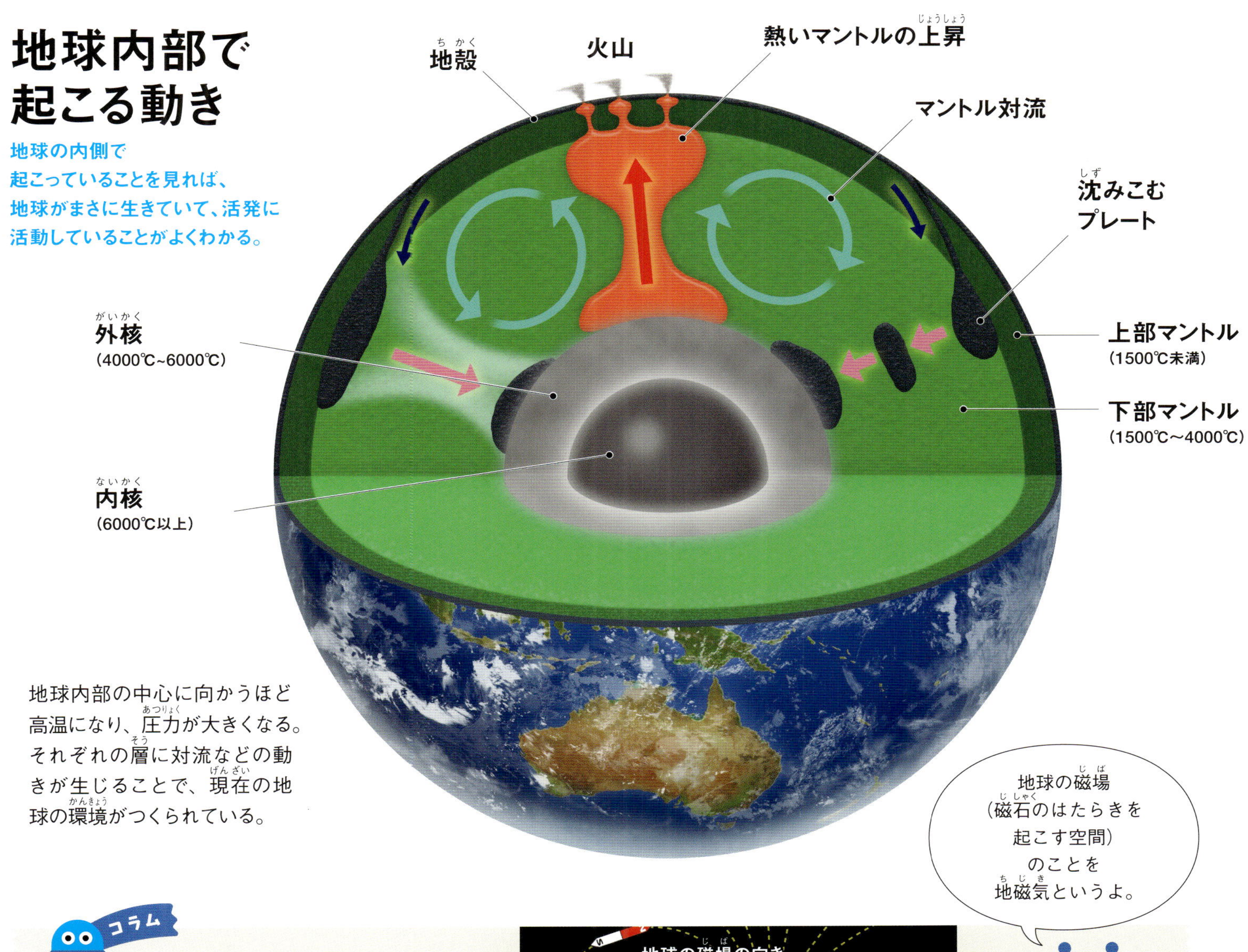

地殻
火山
熱いマントルの上昇
マントル対流
沈みこむプレート
外核
(4000℃~6000℃)
上部マントル
(1500℃未満)
下部マントル
(1500℃~4000℃)
内核
(6000℃以上)


地球内部の中心に向かうほど高温になり、圧力が大きくなる。それぞれの層に対流などの動きが生じることで、現在の地球の環境がつくられている。

コラム

### 地球は大きな磁石

地球は北極がS極、南極がN極の1つの巨大な磁石になっている。これは、外核で液体の鉄が流動しているためだと考えられている。そのおかげで地球のまわりに磁気バリアができ、宇宙から地球に降りそそぐ有害な物質(粒子)から守ってくれている。

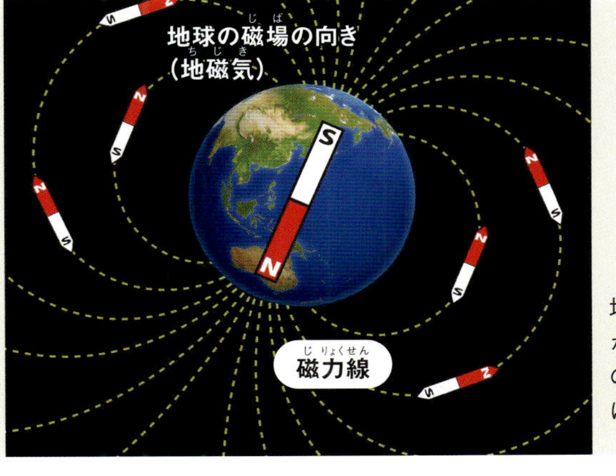

地球の磁場の向き
(地磁気)
S
N
磁力線


地球を磁石と考えてえがかれた図。磁力線(黄色の点線)は南極から北極に向かってのびている。

地球の磁場(磁石のはたらきを起こす空間)のことを地磁気というよ。

# 地球をおおうかたいプレート

地球の表面は、地殻と上部マントルからなる十数枚のかたい「プレート」におおわれている。
そしてこれらはつねに生まれては移動し、沈みこんでいる。

## 地球のプレート

プレートとは、「板」を意味する。
地球は巨大な板のジグソーパズルにおおわれたボールのようだ。

2巻

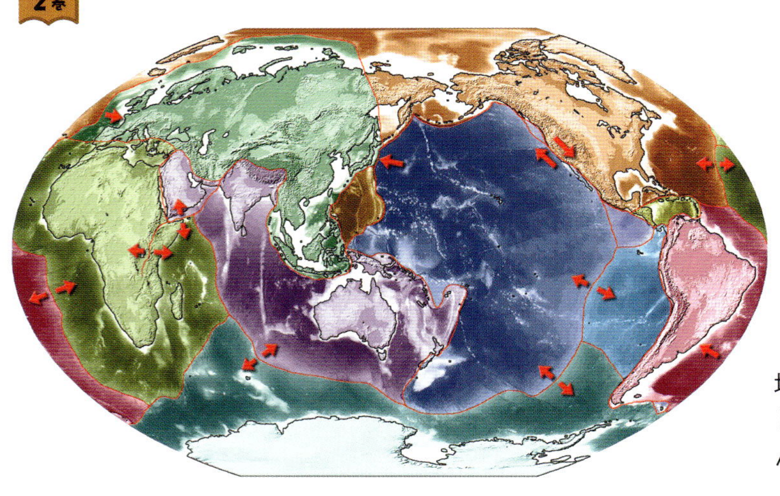

地球をおおうさまざまな形のプレートを、わかりやすく色分けしたもの。赤い矢印は、プレートどうしがはなれたり、沈みこんだり、すれちがったりしている方向を示す。

### 地球はまるで動くジグソーパズル

地球の表面は、とてもかたい十数枚の岩石の板でジグソーパズルのようにおおわれていて、その板の1枚1枚は「プレート」とよばれます。プレートは、とてもゆっくりですが少しずつ移動していて、地球の表面もそれによって変化していきます。火山活動や地震、大陸の移動など地球上で起こっている現象は、プレートの動きが深く関係しています。

## プレートの動き方

プレートは、どんな場所でも生まれたり、沈みこんだりしているわけではない。

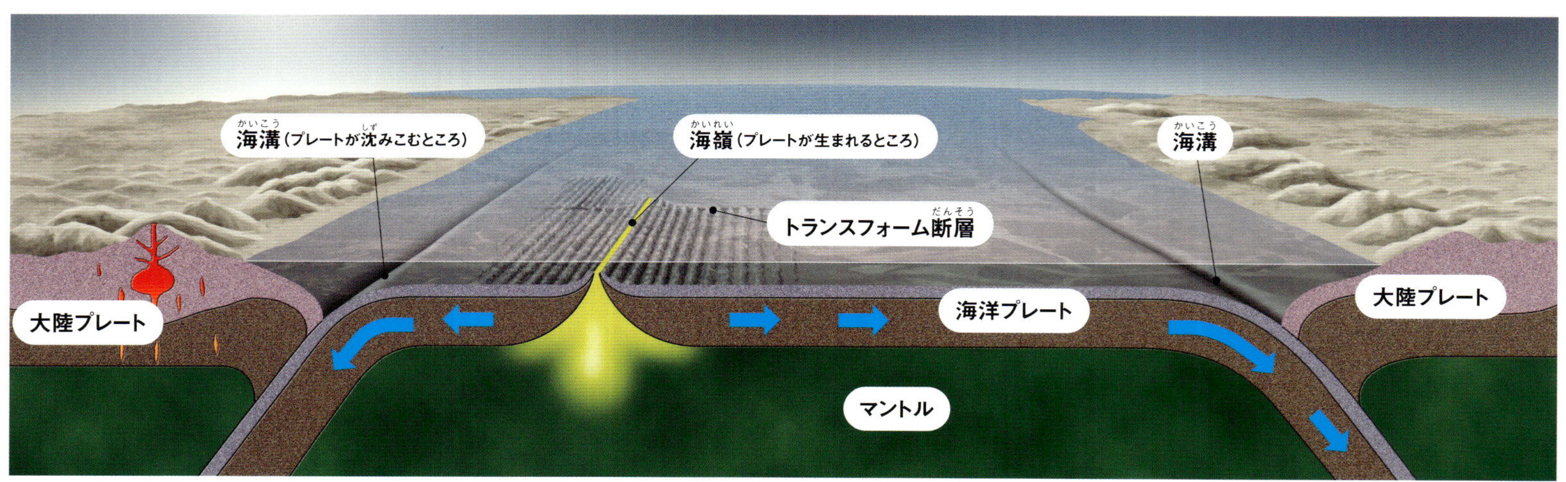

海溝（プレートが沈みこむところ）
海嶺（プレートが生まれるところ）
海溝
トランスフォーム断層
大陸プレート
海洋プレート
大陸プレート
マントル


出典:田近英一監修『地球・生命の大進化—46億年の物語—』(新星出版社・2023)をもとに作成

### プレートは生まれ、やがて沈みこむ

プレートには、陸をのせている「大陸プレート」と、海をのせている「海洋プレート」があります。プレートは「海嶺」とよばれる場所での火山活動で新しく生まれます。そしてプレートどうしが衝突する「海溝」で、どちらかが地中深くに沈みこむのです。また、プレートが横にすれちがう場所は「トランスフォーム断層」とよばれています。

## ホットスポットのしくみ

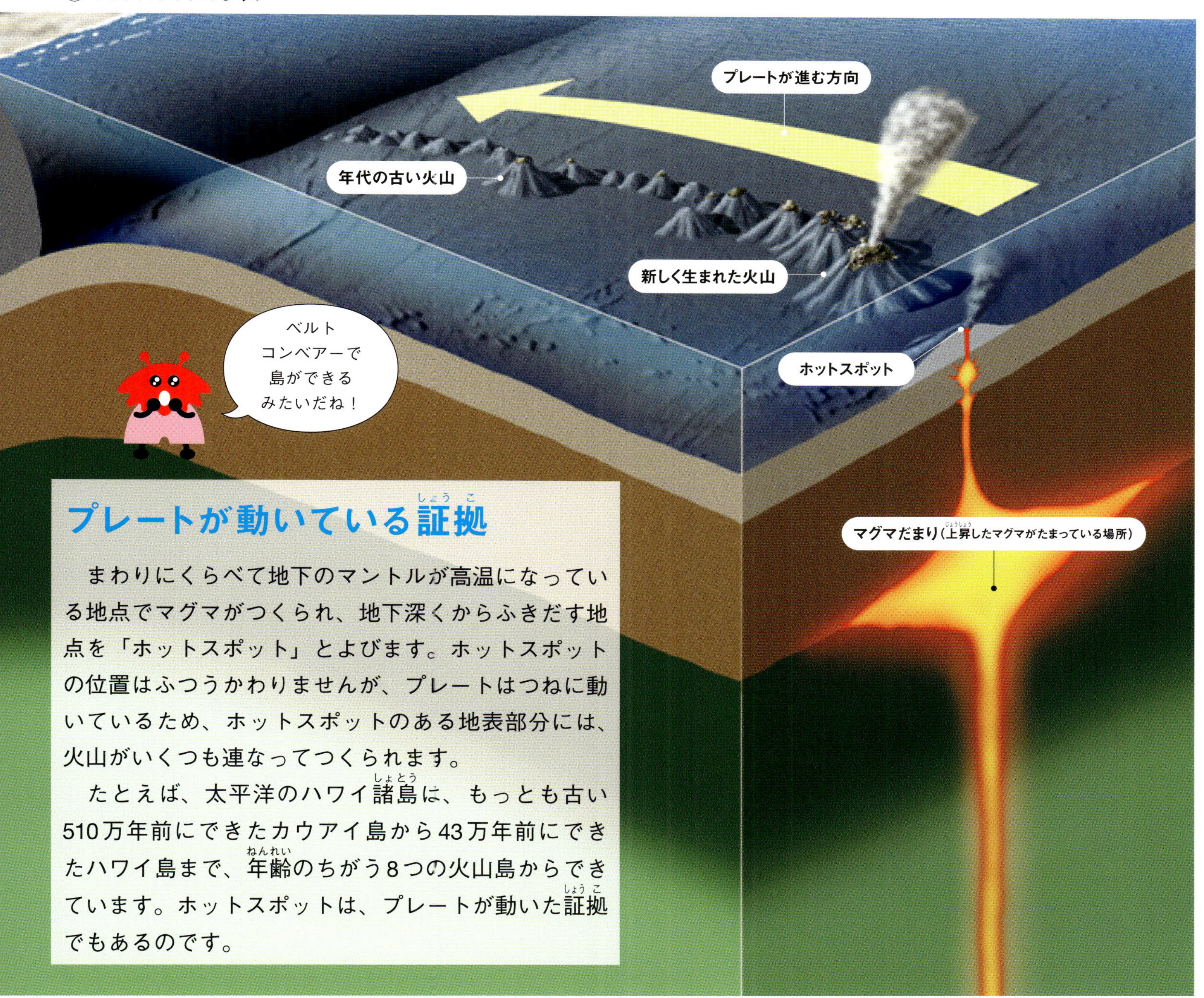

プレートが進む方向
年代の古い火山
新しく生まれた火山
ホットスポット
マグマだまり（上昇したマグマがたまっている場所）
ベルト
コンベアーで
島ができる
みたいだね！


## プレートが動いている証拠

まわりにくらべて地下のマントルが高温になっている地点でマグマがつくられ、地下深くからふきだす地点を「ホットスポット」とよびます。ホットスポットの位置はふつうかわりませんが、プレートはつねに動いているため、ホットスポットのある地表部分には、火山がいくつも連なってつくられます。

たとえば、太平洋のハワイ諸島は、もっとも古い510万年前にできたカウアイ島から43万年前にできたハワイ島まで、年齢のちがう8つの火山島からできています。ホットスポットは、プレートが動いた証拠でもあるのです。

コラム


### 地球内部の分け方のちがい

これまで地球内部を地殻、マントル、核で説明してきたが、これは岩石の種類による分け方だ。いっぽう岩石のかたさで分けると、外側からリソスフェア、アセノスフェア、メソスフェア、外核、内核となる。プレートはリソスフェアにあたり、地殻とマントル最上部をあわせた部分だ。

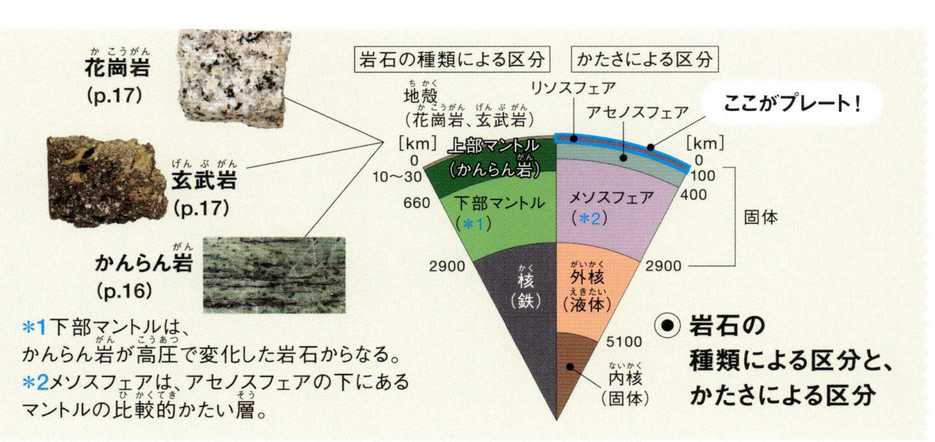

花崗岩
(p.17)
玄武岩
(p.17)
かんらん岩
(p.16)
岩石の種類による区分
かたさによる区分
地殻
（花崗岩、玄武岩）
リソスフェア
アセノスフェア
ここがプレート！
[km]
0
10〜30
660
2900
上部マントル
（かんらん岩）
下部マントル
（*1）
核
（鉄）
[km]
0
100
400
2900
5100
メソスフェア
（*2）
外核
（液体）
内核
（固体）
固体


*1下部マントルは、かんらん岩が高圧で変化した岩石からなる。
*2メソスフェアは、アセノスフェアの下にあるマントルの比較的かたい層。

岩石の種類による区分と、かたさによる区分

出典:木村学/大木勇人著『図解・プレートテクトニクス入門』(講談社・2013)をもとに作成

# 大陸は動き、すがたをかえる

プレート運動により、大陸は地球の歴史を通じてたえず移動し、形をかえてきた。
プレートは年に数cmのスピードで移動しつづけ、今の大陸のすがたは今だけのものともいえる。

## 大陸移動の歴史

**現在の地球にある6つの大陸は、2億5000万年前には1つの超大陸だった。**

大陸の形は、こんなにかわっていったんだね！


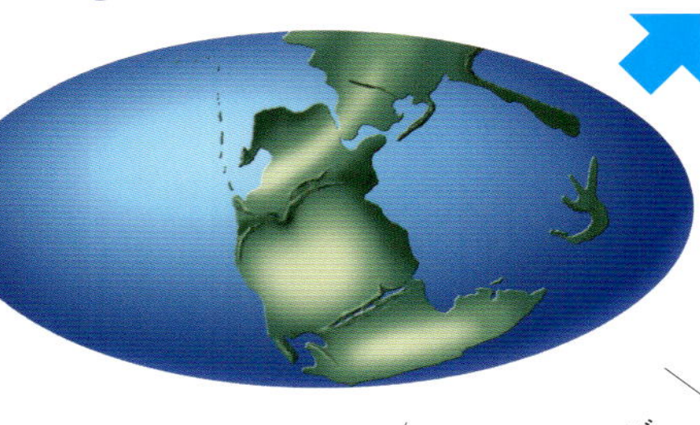

①三畳紀（約2億2500万年前）
巨大な大陸が分かれはじめた！


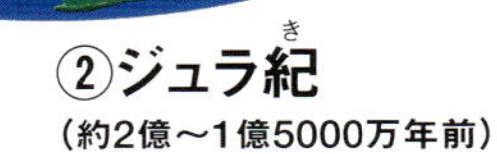

②ジュラ紀（約2億〜1億5000万年前）
南北の大陸がどんどんはなれていく！


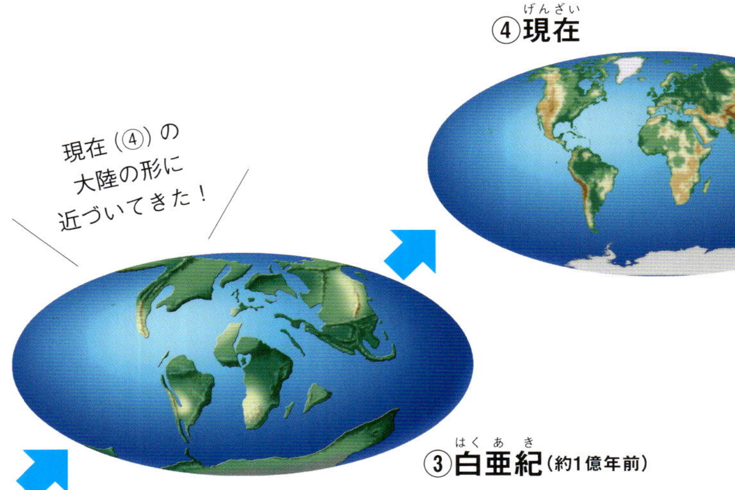

③白亜紀（約1億年前）
現在（④）の大陸の形に近づいてきた！
④現在


そうだよ。今も大陸は少しずつ動いているんだ。

### プレートテクトニクス

「プレートテクトニクス」とは、プレートが移動することで地震や火山活動、大陸移動などの現象が起こるという考え方です。これにもとづくと、数億年前の大陸やプレートの位置を復元することができます。たとえば、南アメリカ大陸のブラジルあたりのでっぱりとアフリカ大陸のギニア湾のくぼみは、ぴったりはまります。この考え方は、1900年代のはじめにドイツの気象学者ウェゲナーによって発表されました。

コラム


### プレートの動きはそれぞれ

プレートは、地球の上をそれぞれちがう方向やスピードで移動している。それぞれのプレートの動きは、ある軸を中心とした回転運動と考えられている。この回転軸（オイラー軸）は、地球が自転するときの軸（地軸）とは別のもので、プレートそれぞれに特有のものだ。

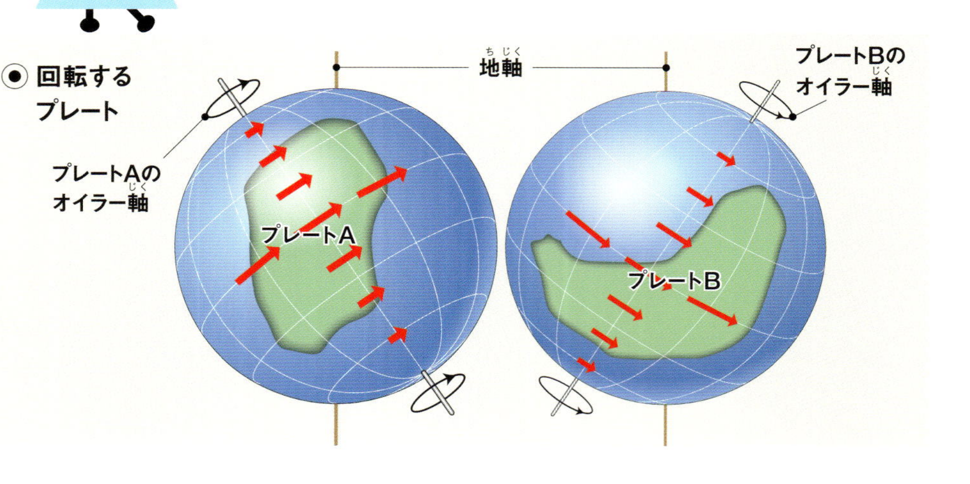

● 回転するプレート
プレートAのオイラー軸
地軸
プレートBのオイラー軸
プレートA
プレートB

# 超大陸パンゲア

今から約2億5000万年前、地球上には「パンゲア」とよばれる1つの超大陸が存在していました。

古生代（約5億3900万〜2億5200万年前）の最後、ペルム紀（2億9900万〜2億5200万年前）には、パンゲアは最大になりました。パンゲアのうち、北アメリカ大陸とユーラシア大陸がつながった部分を「ローラシア大陸」、それ以外の大陸がつながった部分を「ゴンドワナ大陸」、そしてパンゲアに囲まれた内海を「テチス海」とよびます。

◉ ペルム紀後期（約2億5500万年前）の古地理図

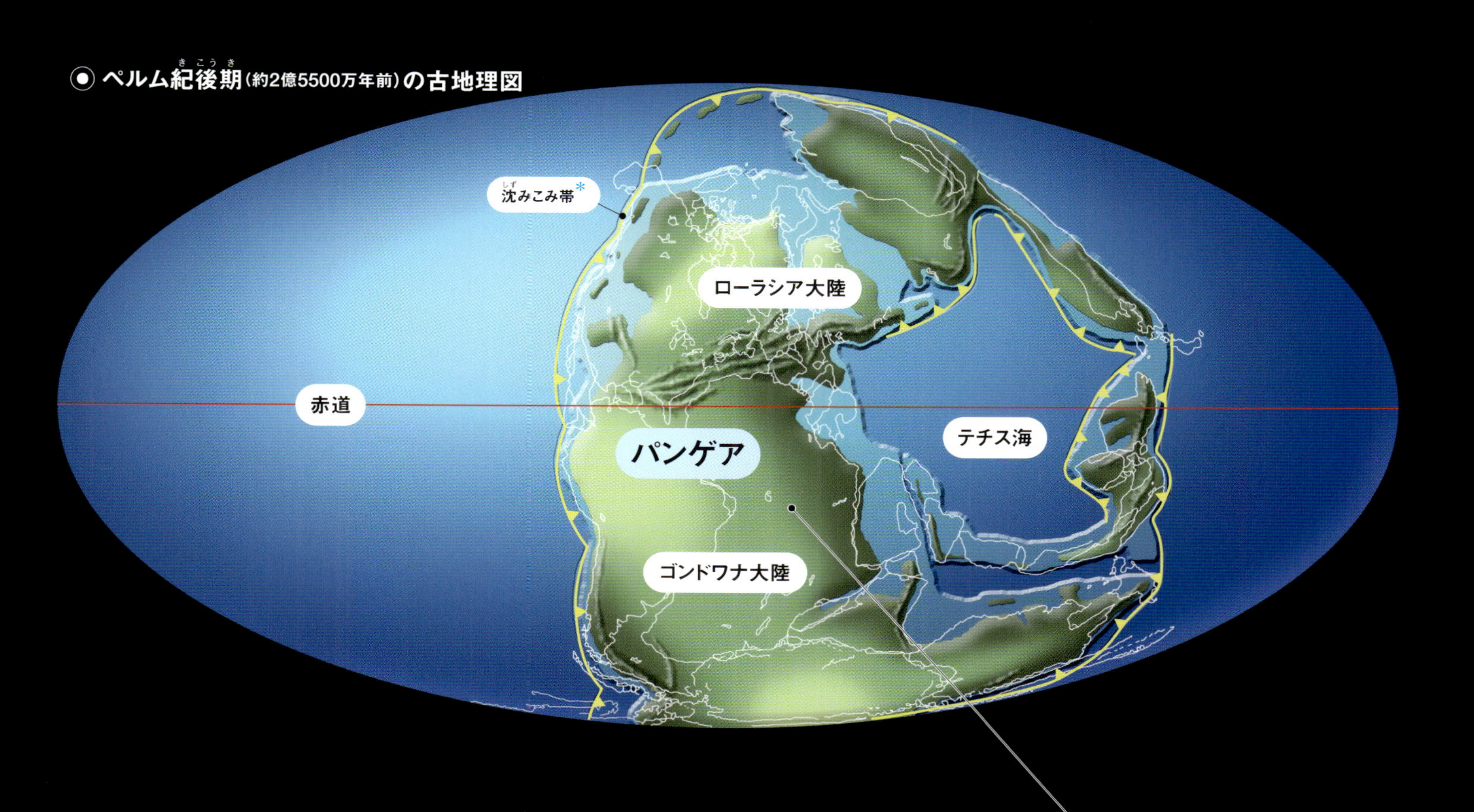

沈みこみ帯*
ローラシア大陸
赤道
テチス海
パンゲア
ゴンドワナ大陸


*日本列島のように、海洋プレートがほかのプレートの下に沈みこむ地域のこと。

## 化石が語る大陸移動 6巻

ウェゲナーは、大陸の分裂と移動を、引きさいた新聞紙にたとえました。その新聞紙をつなげれば、記事も読めるはずです。

たとえば、ペルム紀から三畳紀にかけて生きていたリストロサウルスという単弓類の化石は、いくつかの大陸で見つかっています。リストロサウルスは陸上生物で、大陸間の海を泳いで渡ったとは考えにくいことから、かつて大陸がつながっていたという証拠になります。

◉ リストロサウルスの化石分布

リストロサウルスの化石は、アフリカ、インド、南極から見つかっており、当時広い範囲に生息していた。

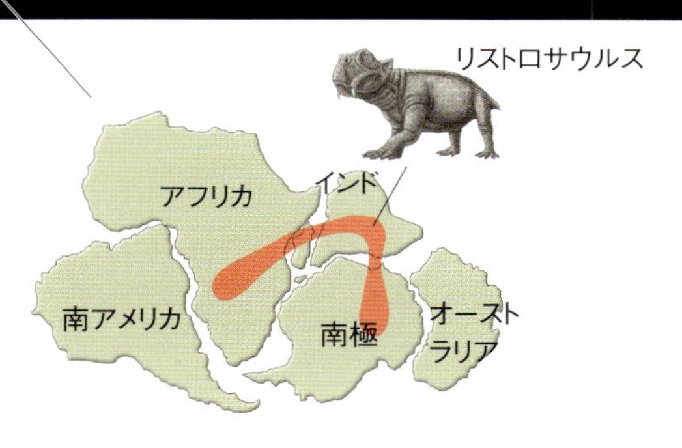

リストロサウルス
アフリカ
インド
南アメリカ
南極
オーストラリア

**リストロサウルスの化石**

**分類**:リストロサウルス科
**おもな産地**:
南極やアジアなど世界各地
**時代**:三畳紀前期
**サイズ**:全長約1m

写真:Jon Augier
所蔵:オーストラリア・ミュージアムズ・ビクトリア

# 火山・地震とプレートの関係

日本には111の活火山があり、毎日3～6回の地震が起きている。
これほど地球の活動が活発な場所は、世界でもめずらしい。その理由はプレートにある。

## 日本列島の火山とプレート 2巻

日本列島がまたぐ4枚のプレートは、火山と深い関係がある。

● 日本列島がまたぐプレート

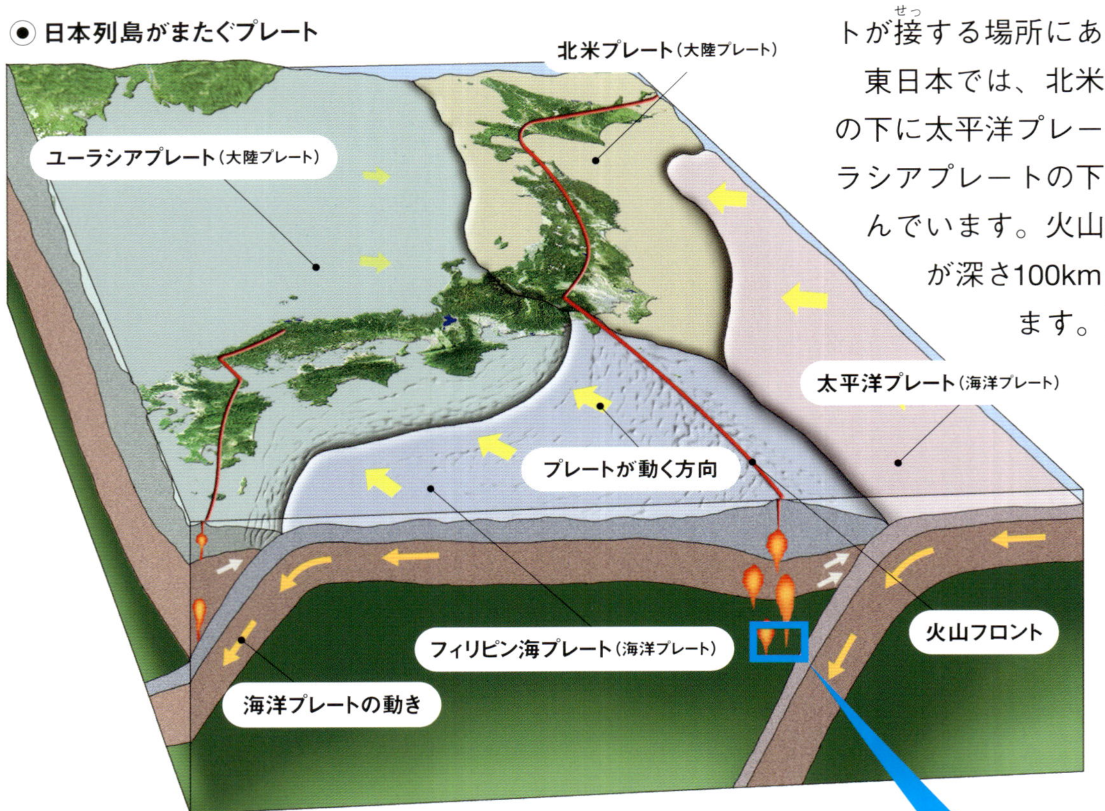

北米プレート（大陸プレート）
ユーラシアプレート（大陸プレート）
太平洋プレート（海洋プレート）
プレートが動く方向
フィリピン海プレート（海洋プレート）
火山フロント
海洋プレートの動き


## 火山ができる場所

日本列島は、北米プレート、太平洋プレート、ユーラシアプレート、フィリピン海プレートの４枚のプレートが接する場所にあります。

東日本では、北米プレートとフィリピン海プレートの下に太平洋プレートが沈みこみ、西日本では、ユーラシアプレートの下にフィリピン海プレートが沈みこんでいます。火山は、沈みこんだ海洋プレート上面が深さ100kmに達した地点の地表にできはじめます。海溝に近いこの火山ができはじめるラインを「火山フロント」とよびます。

東日本と西日本は
プレートが
ちがうんだ！


## マグマと火山が生まれる原因は水！ 水 2巻

地球内部は深いほど高温で、マグマができやすいのは深さ100kmのあたりとされています。水をふくんだ海洋プレートが深さ100kmまで沈みこむと中から水がしみだし、そのはたらきで上側のプレートのマントルがとけ、マグマになります。そのマグマが地表にふきだした場所が火山となるのです。

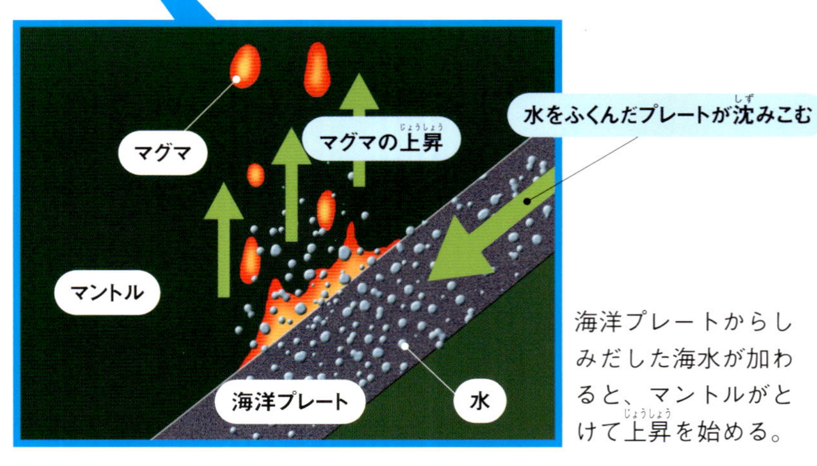

マグマ
マグマの上昇
水をふくんだプレートが沈みこむ
マントル
海洋プレート
水


海洋プレートからしみだした海水が加わると、マントルがとけて上昇を始める。

# 日本列島の地震とプレート 2巻

日本列島の4枚のプレートの動きは、地震活動にもつながっている。

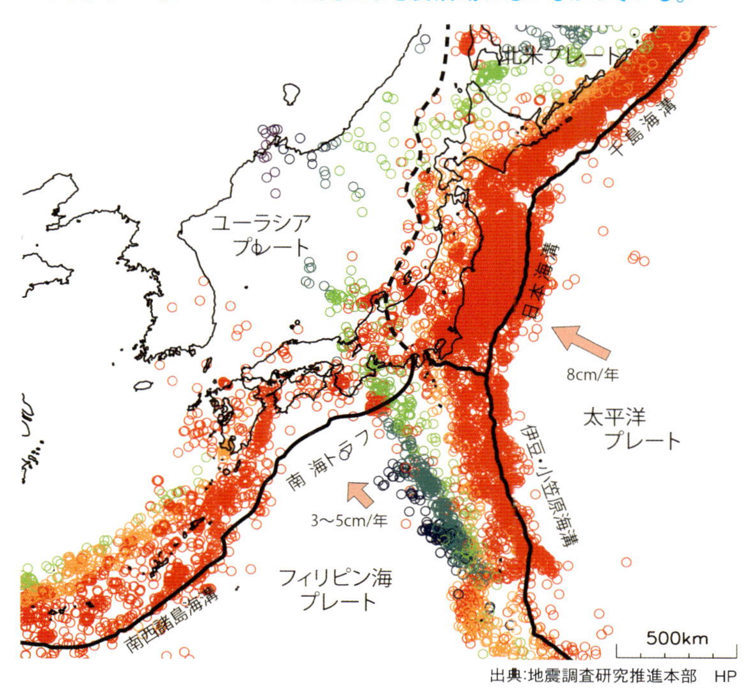
北米プレート
千島海溝
ユーラシア
プレート
日本海溝
8cm/年
太平洋
プレート
伊豆・小笠原海溝
南海トラフ
3〜5cm/年
フィリピン海
プレート
南西諸島海溝
500km
出典:地震調査研究推進本部 HP

丸は震源の地点をあらわしており、赤色からオレンジ色、緑色、青色、紫色の順に深くなる。その分布はプレートの沈みこむ場所とほぼ同じだ。

## 地震はプレートのぶつかりあい

日本は地震大国ともいわれ、世界の地震の約10%が日本で起こっています。日本で起こる地震の多くは、沈みこむプレートに上側のプレートが引きずられてゆがみ、その力にたえられなくなると、上側のプレートがはねあげられて起こるもので「海溝型地震」とよばれます。これまで何度も巨大地震が発生しています。

日本列島は
4枚ものプレートどうしが
接しているから、
地震が多いという
わけなんだ。

# 地震を記録する地層 3巻

地層は、はるか昔、いつ地震が起きたかを教えてくれる貴重な証拠だ。

AREA
室戸岬
(高知県)
写真:竹下光士

高知県室戸岬のタービダイトは、深海底にあったものが地殻変動で地層が褶曲して立ちあがり、一部は上下が逆転し、2000万年前から現在までに隆起した。

## 海底に残される地震の歴史

大地震が起きると、浅い海底の砂や泥がまぜられて土石流となり、深海底に流れこみます。粒が大きな砂は早く沈むので下に、粒が小さい泥は上に積もり、これがくりかえされると、しまもようの層ができます。このような砂と泥がくりかえしてできた地層をタービダイトといいます。これらの地層は、過去に起こった地震について知るための貴重な手がかりです。

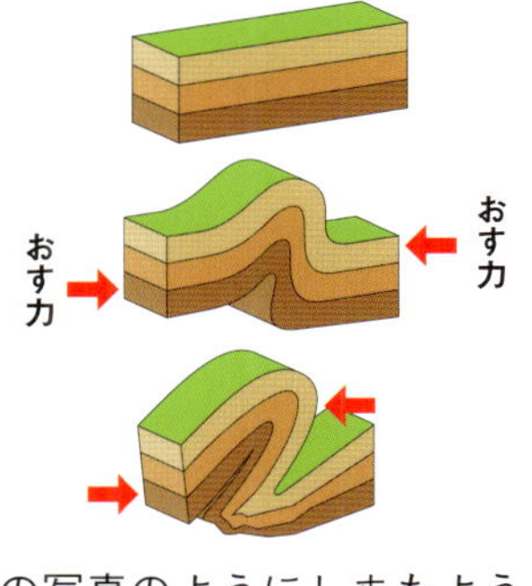
おす力
おす力

左の写真のようにしまもようの層がたて向きなのは、地殻変動で褶曲したためだ。

● 大地震による地層のでき方

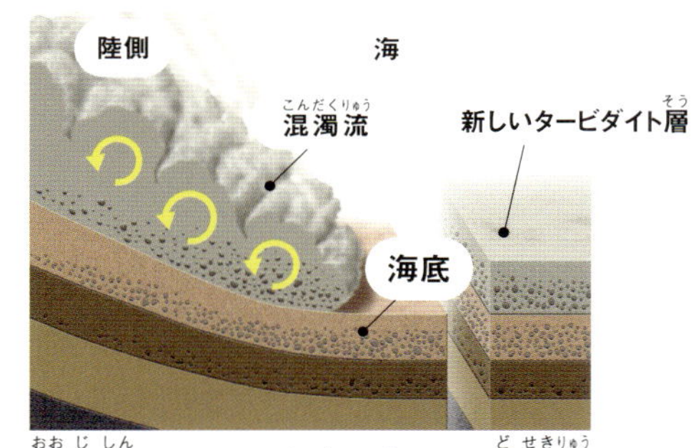
陸側
海
混濁流
新しいタービダイト層
海底

大地震によって海底で起きる土石流を、「混濁流」という。

出典:産総研地質調査総合センターの図をもとに作成

# 日本列島は大陸の一部だった

私たちがくらす日本列島はもともと大陸の一部だった。
日本列島を特徴づけている大地の歴史を4ステップで見ていこう。

## 2500万年前の日本列島

ユーラシア大陸の東の端にあった時代。

Step.1

## 付加体が成長していった

付加体とは、海洋プレートの沈みこみにより、海底の堆積物がはぎとられて陸側に次つぎにくっついていったもののこと。日本列島の7割は、付加体とその上に積みあがった堆積岩からなる。

ユーラシア大陸の東の端にきれつが入り、日本海が少しずつできはじめる。

ユーラシア大陸

大陸プレート

海洋プレート

**海溝**
海嶺で生まれた海洋プレートが地球内部に沈みこむところ。水深6000m以上の深さのもの（それより浅いものを「トラフ」とよぶ）。

### 日本列島の土台ができた時代

数千万年前、今日本列島がある位置に陸地はありませんでした。日本を形づくる島じまは、かつてユーラシア大陸の一部だったのです。

ずっと昔、およそ3億年も前からユーラシア大陸の東の端の海底に「付加体」が集まり、少しずつ海へ向かって成長していきました。この付加体が、今の日本列島の土台になっています。

その後隆起して、付加体は陸地になります。そして2500万年前あたりから、ユーラシア大陸の東の端にきれつが入り、付加体の部分が切りはなされていくのです。

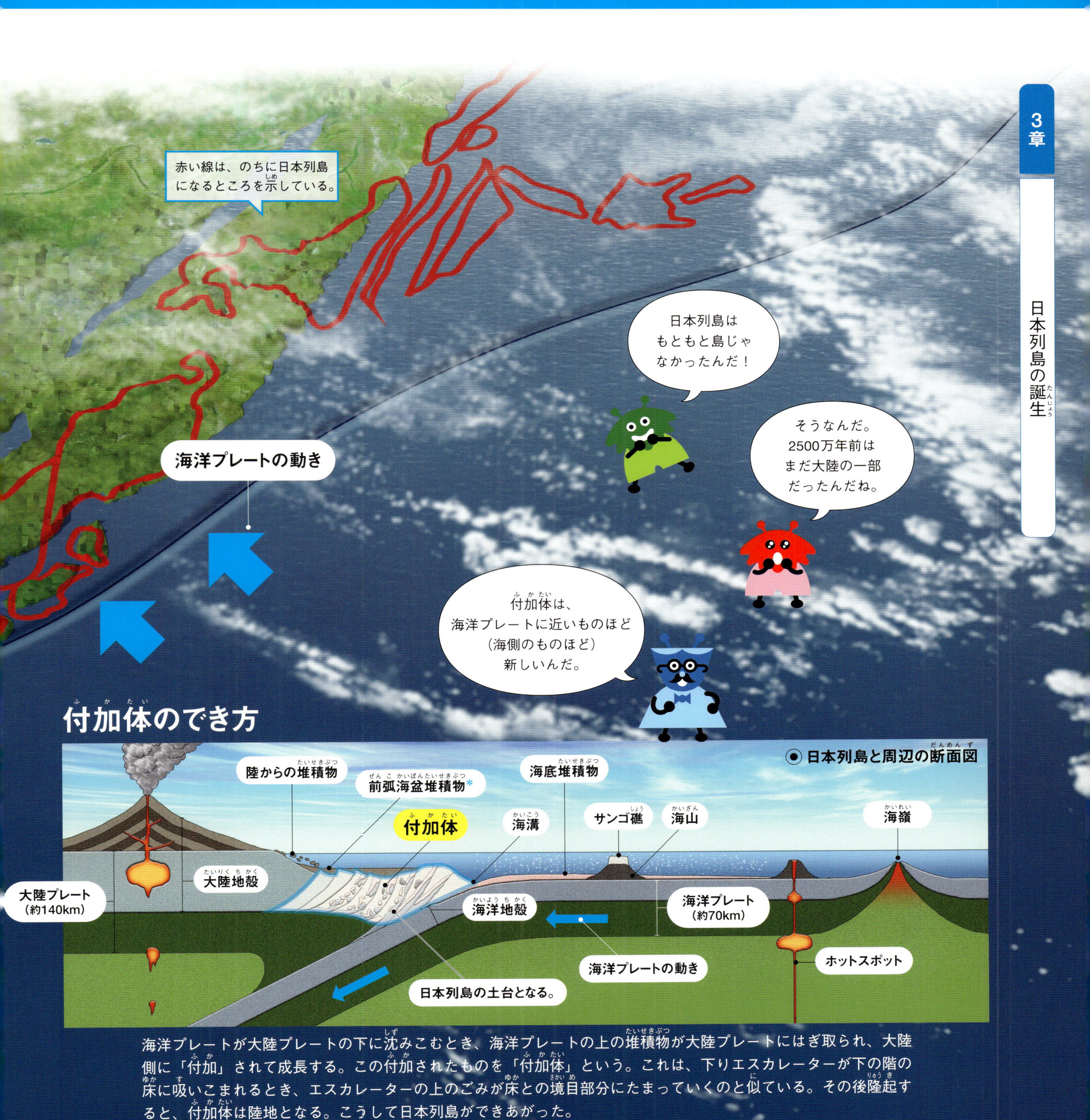
赤い線は、のちに日本列島になるところを示している。
海洋プレートの動き
日本列島はもともと島じゃなかったんだ！
そうなんだ。2500万年前はまだ大陸の一部だったんだね。
付加体は、海洋プレートに近いものほど（海側のものほど）新しいんだ。
日本列島と周辺の断面図
陸からの堆積物
前弧海盆堆積物*
付加体
海底堆積物
海溝
サンゴ礁
海山
海嶺
大陸プレート（約140km）
大陸地殻
海洋地殻
海洋プレート（約70km）
海洋プレートの動き
ホットスポット
日本列島の土台となる。

## 付加体のでき方

海洋プレートが大陸プレートの下に沈みこむとき、海洋プレートの上の堆積物が大陸プレートにはぎ取られ、大陸側に「付加」されて成長する。この付加されたものを「付加体」という。これは、下りエスカレーターが下の階の床に吸いこまれるとき、エスカレーターの上のごみが床との境目部分にたまっていくのと似ている。その後隆起すると、付加体は陸地となる。こうして日本列島ができあがった。

*付加体の陸側にできた、「前弧海盆」とよばれるくぼんだ海底の堆積物のこと。

出典：木村学ほか監修『CG細密イラスト版 日本列島2500万年史』（洋泉社・2019）

# 日本海の拡大と列島誕生

2500万年前、ユーラシア大陸の東の端がはなれはじめ、日本海が誕生した。
その後1000万年かけて日本海は広がりつづけ、列島ができた。

## 日本列島は回転しながら動いた

ユーラシア大陸の東の端にきれつが入って陸地がはなれ、そこに海水が流れこんで日本海が誕生しました。その後、日本海は、2500万年前の誕生から1000万年かけて広がりつづけました。その海底では火山が活発に噴火しました。大量の火山灰や火山れきが海底に降りつもり、固まったものが凝灰岩です。日本海の海底でできた凝灰岩は変質をして、緑っぽい緑色凝灰岩（グリーンタフ）となり、日本海側を中心に広く分布しています（p.36）。

こうして大陸からはなれてできた列島は当初、東北日本と西南日本に分かれていました。西南日本では本州と四国、九州と沖縄列島はつながっていたのです。

Step.2

### 大陸からはなれ、列島が誕生した

広がりつづける海底では火山活動が活発だった。

日本海

ユーラシア大陸

西南日本

赤い線は、のちに日本列島になるところを示している。

**ユーラシアプレート**
ユーラシア大陸の大部分と西南日本をふくむ大陸プレート。

海溝

**フィリピン海プレート**
北向きに動き、日本列島に近づいていた海洋プレート。

## 日本海の拡大のようす

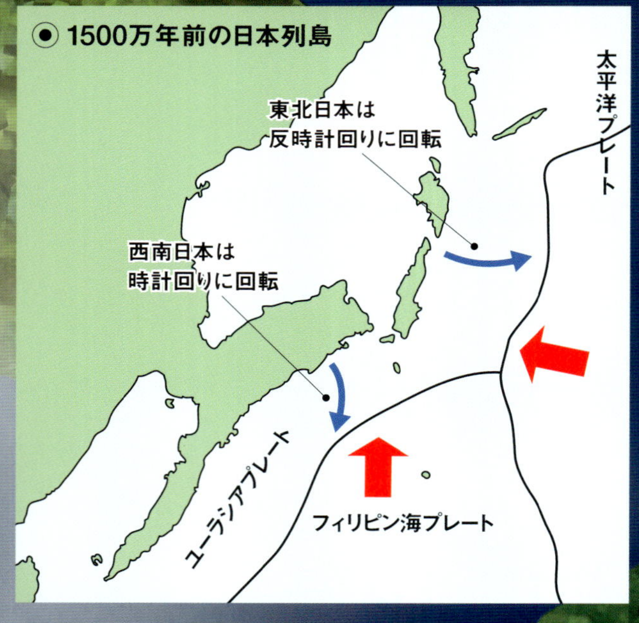

1500万年前の日本列島
東北日本は
反時計回りに回転
西南日本は
時計回りに回転
太平洋プレート
ユーラシアプレート
フィリピン海プレート


青い矢印のように、西南日本が時計回りに、東北日本が反時計回りに回転しながら日本海は広がっていった。現在の関東の部分を南東方向に引っぱるような力がはたらいていたと考えられる。

## 1500万〜1400万年前の日本列島

日本海の拡大は1500万年前に完了した。東北日本の大部分は海だった。

北米プレート
当時は北海道東部をのせていた大陸プレート。北アメリカ大陸ものせている。
東北日本
太平洋プレート
伊豆弧
フィリピン海プレート上の海底火山や火山島の列（p.30）。

日本海ができるってふしぎだなあ。
1000万年というとても長い時間がかかっているよ。

### 日本海拡大時にできた緑色の岩石 4巻

AREA 男鹿半島（秋田県）

写真:西本昌司

秋田県男鹿半島の館山崎にある緑色凝灰岩（グリーンタフ）の露頭。海底火山がふきだした火山灰が海底に降りつもり、固まってできた。日本海側の各地で見られる。

出典:木村学ほか監修『CG細密イラスト版 日本列島2500万年史』(洋泉社・2019)

# 南の海から来た伊豆弧の衝突

日本海が完成した1500万年前、南の海から火山列島が日本列島に衝突しはじめた。
フィリピン海プレートにのったこれらの海底火山や火山島の列の衝突は今も続いている。

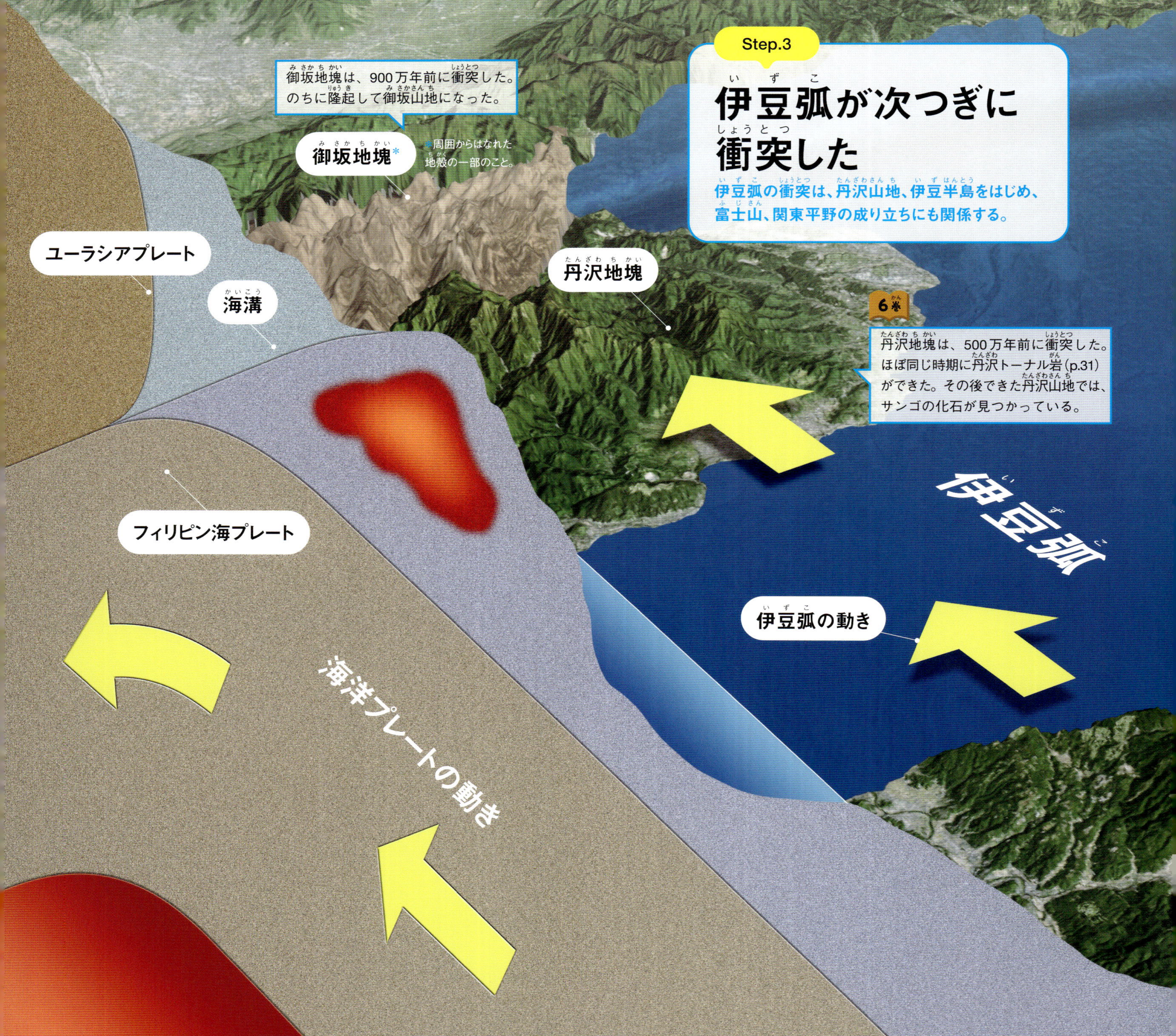

Step.3
伊豆弧が次つぎに衝突した
伊豆弧の衝突は、丹沢山地、伊豆半島をはじめ、富士山、関東平野の成り立ちにも関係する。
御坂地塊は、900万年前に衝突した。のちに隆起して御坂山地になった。
御坂地塊*
*周囲からはなれた地殻の一部のこと。
ユーラシアプレート
海溝
丹沢地塊
6巻
丹沢地塊は、500万年前に衝突した。ほぼ同じ時期に丹沢トーナル岩(p.31)ができた。その後できた丹沢山地では、サンゴの化石が見つかっている。
伊豆弧
フィリピン海プレート
伊豆弧の動き
海洋プレートの動き




出典:高木秀雄監修『CG細密イラスト版 地形・地質で読み解く日本列島5億年史』(宝島社・2020)

日本列島

## 南からおしこまれて ハの字になった地質構造

伊豆弧は、太平洋プレートがフィリピン海プレートの下に沈みこむことでできた火山フロント（火山の列）です。太平洋プレートのほうが、フィリピン海プレートにくらべて古くて重いため、海洋プレートどうしでも沈みこみが起きているのです。

伊豆弧が衝突を続けることで、西南日本の東西にのびる中央構造線という地質構造は、南からおされてハの字に曲がってしまいました（右の図）。

**用語解説**

### 構造線 3巻

「構造線」とは、ことなる地質の境界線になっている大規模な断層のことです。また「断層」とは、大地の中に生じた「ずれ」をさします。日本では、中央構造線のほか、関東北陸に糸魚川―静岡構造線、東北に棚倉構造線などがあります。

伊豆地塊

のちに伊豆半島になる伊豆地塊。丹沢地塊が衝突した400万年後（今から100万年前）に日本列島に衝突した。

## 現在も衝突している伊豆弧

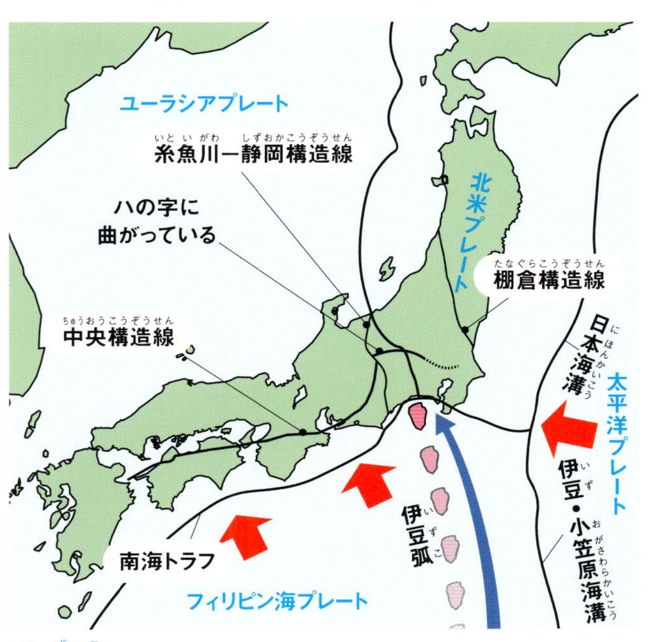
ユーラシアプレート
糸魚川―静岡構造線
ハの字に
曲がっている
北米プレート
棚倉構造線
中央構造線
日本海溝
太平洋プレート
伊豆弧
伊豆・小笠原海溝
南海トラフ
フィリピン海プレート

### 伊豆弧は火山フロント

太平洋プレートとフィリピン海プレートの境界、伊豆・小笠原海溝から少し西側にある火山フロント（p.24）が伊豆弧です。伊豆大島をはじめとした21の火山が連なっています。

## 衝突でできた石 4巻

● トーナル岩

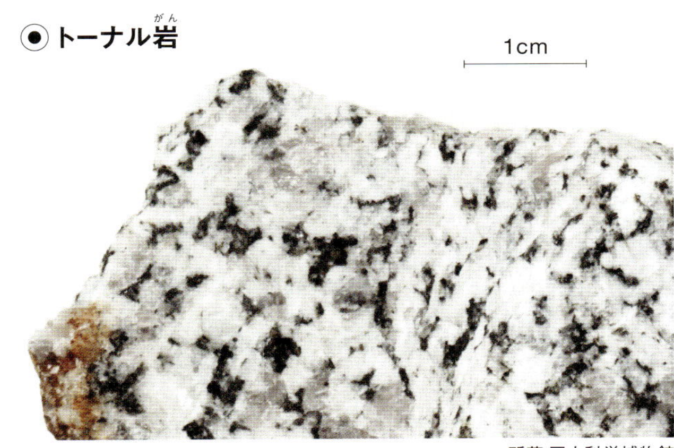
1cm

所蔵:国立科学博物館

### できたての大陸地殻

トーナル岩*は花崗岩のなかまで、鉱物の粒が大きく、ごまやワカメ入りのおにぎりのようです。伊豆弧の衝突のような、海洋プレートが沈みこむところでできる岩石です。水をふくむ玄武岩が部分的にとけるとトーナル岩質のマグマができて、大陸地殻になります。丹沢山地ではトーナル岩がよく見られ、「丹沢トーナル岩」とよばれています。

*アルカリ長石をほとんどふくまない花崗岩のなかま。

# 日本列島が山国に

300万年前、海洋プレートが日本列島に西向きの力を加えはじめた。
東北日本が急速に隆起しはじめ、山国日本が誕生した。

Step.4

## 東西圧縮により山が高くなった

日本列島の中心部にあった岩盤が、褶曲や逆断層でもちあげられ、隆起しはじめた。

### 海洋プレートの進路変更で日本列島が西向きに圧縮

300万年前、それまで北に向かって移動していたフィリピン海プレートが北西へ進路をかえました。それにともない、当時西に向かって移動していた、太平洋プレートが沈みこむ日本海溝も西へと動き、日本列島を西向きに圧縮しはじめたと考えられています。この東西圧縮により、東北や中部の陸地が急速に隆起して山地がつくられていきました。

ユーラシア大陸

西南日本

赤い線はのちに日本列島になる部分。

**沖縄トラフ**
ユーラシア大陸と南西諸島のあいだにある水深2300mほどの細長いみぞ。

海溝

**南西諸島**
九州南端から台湾へ連なる島じま。南半分は沖縄の島じまからなる。

### 複雑に作用しあう4つのプレート

◉ 現在の日本列島とプレート
北米プレート
ユーラシアプレート
日本海溝
太平洋プレート
フィリピン海プレート


太平洋プレートが西方向に沈みこみ、フィリピン海プレートは300万年前に進路を北から北西にかえた。これらが2つの大陸プレートを圧縮しつづけている。

## 300万年前の日本列島

300万年前、プレートの進路変更により日本列島は西向きに圧縮されはじめた。この圧縮は今も続き、山地は隆起している。

北米プレート

日本海

東北日本

太平洋プレート

伊豆弧

フィリピン海プレート

**南海トラフ**

フィリピン海プレートがユーラシアプレートの下に沈みこんでいる境界で、水深4000mほど。

## 100年で40cm隆起する南アルプス

AREA
赤石山脈
(山梨県・静岡県・長野県)

写真:高木秀雄

中部日本では、東西圧縮により古い岩盤に逆断層が発生した。逆断層に囲まれた部分がおしだされて隆起し、巨大な山脈となった。今も隆起を続けており、100年で40cmくらいずつ高くなっている。

## 逆断層で山は高くなる 3巻

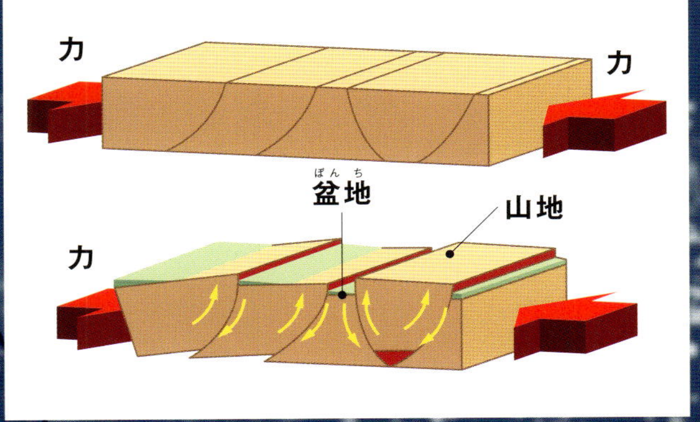
山地と盆地ができるしくみ
力
力
盆地
山地
力

出典:高橋雅紀(2017)「日本列島の地殻変動の謎を解明」をもとに作成

水平に圧縮される力によってずり上がる断層を「逆断層」という。この逆断層に囲まれて隆起した場所が山地となる。いっぽう、それらに囲まれた低い場所が盆地となる。

出典:木村学ほか監修『CG細密イラスト版 日本列島2500万年史』(洋泉社・2019)

# 南北にのびた地質体の北海道

現在の日本列島は、どのような大地で構成されているのだろうか。
日本各地の地質の特徴をくわしく見ていこう。

## 日高山脈ができたことに注目

北海道には多くの火山があり、南北にのびる5つの地質体が特徴です。北海道の大地の成り立ちを理解するうえで、もっとも注目すべきできごとは、1300万年前に日高帯（赤色の部分）の日高山脈ができたことです。

日高山脈は、人類がまだ到達できないほど深いところにあるマントルの岩石が、地上にもちあがっています。

また、5つの地質体を横切る火山フロントと、本州から連なるもう1つの火山フロントがあり、これらが有珠山や洞爺湖のあたりで出会っています。

北海道の地質体と火山フロント
5つの地質体は東側にいくほど新しくなる。
ポイント1
地質体が南北にのびている。
ポイント2
2つの火山フロントが出会う。
火山フ
ジュラ紀の付加体。北海道西部から東北北部に分布する。「渡島帯」ともよばれている。
北部北上帯
白亜紀の付加体と高圧型変成岩、そして前弧海盆堆積物（p.27）などからできている。
空知ーエゾ帯
白亜紀～古第三紀の付加体と高圧型変成岩。日高帯の西側の端の断層が、千島と本州が衝突している境界。
日高帯
▲…おもな火山をあらわす。
5つの地質体は実際に観察できるの？
地下にあって見えない部分が多いけれど、それぞれの地質体の地層が見える場所はあるよ。そういう場所を「露頭」というんだ。

## 有珠山 2巻

AREA 有珠山（北海道）

### もっとも活動的な火山

北海道南西部にある有珠山は2000年の噴火をふくめ、記録が残っているだけで約30年おきに9回も噴火している活動的な火山です。

またそのとなりにある昭和新山は1944年から1945年にかけて、畑だった場所にとつぜんあらわれた、とても若い火山です。この2つの活発な火山は、火山フロントの曲がり角に位置しています。

アイヌの人びとは有珠山を「軽石をけずり出す神」とよんだ。　写真:洞爺湖有珠山ジオパーク

ロ　ン　ト

常呂帯　4巻

白亜紀の付加体と前弧海盆堆積物（p.27）でできている。

根室帯

千島弧*の白亜紀～新生代はじめの堆積岩。

*千島列島から北海道中央にかけて連なる島弧。島弧とは、日本列島のように弧状に連なった島じまのこと。

## 日高山脈 4巻

AREA アポイ岳（北海道）

花畑が楽しめるアポイ岳の尾根「馬の背」。　写真:竹下光士

### 2枚のプレートが衝突してできた山

かつて北海道の真ん中はプレートの境目でした。1300万年前、2枚のプレートが衝突して一方のプレートのマントル上部がめくれ上がり、できたのが日高山脈です。その南の端にあるアポイ岳は丸ごと、マントルを構成するかんらん岩でできています。アポイ岳は、見ることができない地球深部の情報を教えてくれる貴重な場所なのです。

用語解説

### 地質体

「地質体」は、同じ時代に同じでき方をした岩石が帯のように分布しているもののことをいう。日本列島の土台となった地質体の岩石には、日本列島が大陸の東の端だったころの記録がきざまれている。

出典:高木秀雄監修『CG細密イラスト版 地形・地質で読み解く日本列島5億年史』（宝島社・2020）

# 古生代の地層が発達した東北

サンゴ化石をふくむ古生代の地層がなぜ東北にあるのだろうか。
日本海側には、海底火山の噴火の痕跡が広く分布している。

ポイント 1
日本海側を中心に広く緑色凝灰岩（グリーンタフ）が分布している。

## 古生代からの地層と海底火山噴火の痕跡

東北地方はおもに、南東部の古生代から中生代にかけて連続した地層の南部北上帯（紫色の部分）、北部のジュラ紀の付加体からなる北部北上帯（青色の部分）、そして日本海側に広く分布する海底火山の噴火によってつくられた緑色凝灰岩（グリーンタフ）からなります。

とくに南部北上帯は、日本がまだゴンドワナ大陸の一部だった5億～3億年前の岩石もふくんでいる点が特徴的です。

東北地方の火山フロントは、日本海溝（p.32）に対して平行に、ほぼ南北に走っています。火山フロントの位置は、日本列島ができるまでの長いあいだ、日本海溝の位置の変化にともないかわってきたのです。

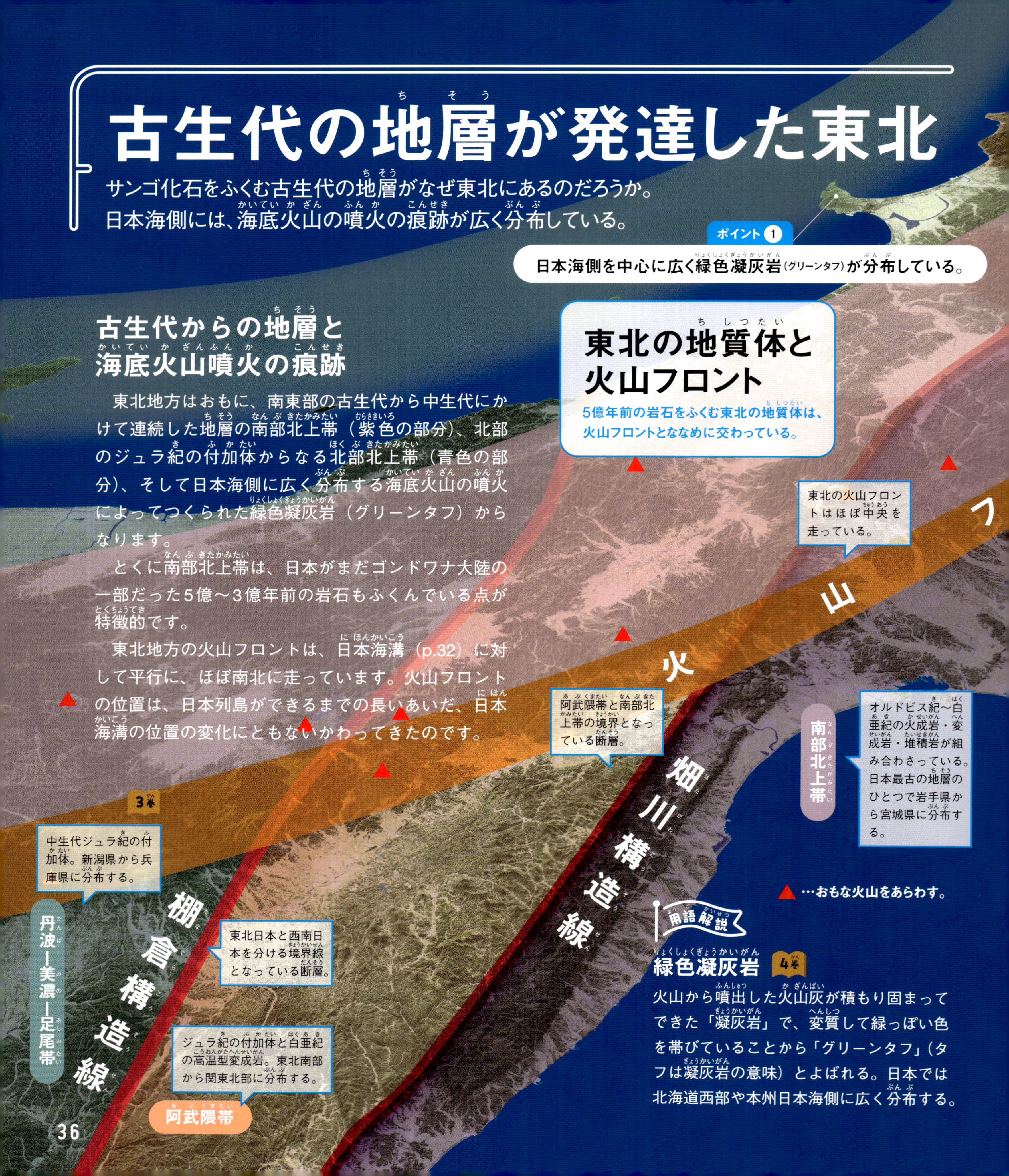

## 東北の地質体と火山フロント

5億年前の岩石をふくむ東北の地質体は、火山フロントとななめに交わっている。


東北の火山フロントはほぼ中央を走っている。
火山フロント
阿武隈帯と南部北上帯の境界となっている断層。
畑川構造線
南部北上帯
オルドビス紀～白亜紀の火成岩・変成岩・堆積岩が組み合わさっている。日本最古の地層のひとつで岩手県から宮城県に分布する。
3巻
中生代ジュラ紀の付加体。新潟県から兵庫県に分布する。
丹波―美濃―足尾帯
棚倉構造線
東北日本と西南日本を分ける境界線となっている断層。
ジュラ紀の付加体と白亜紀の高温型変成岩。東北南部から関東北部に分布する。
阿武隈帯
▲…おもな火山をあらわす。


用語解説

**緑色凝灰岩** 4巻

火山から噴出した火山灰が積もり固まってできた「凝灰岩」で、変質して緑っぽい色を帯びていることから「グリーンタフ」（タフは凝灰岩の意味）とよばれる。日本では北海道西部や本州日本海側に広く分布する。

ジュラ紀の付加体。北海道西部から東北北部に分布する。

北部北上帯

ポイント 2

古生代から中生代の連続した地層がある。

コラム

## 東京駅の屋根の粘板岩 くらし

東京駅丸の内駅舎の黒い屋根には、宮城県石巻市でとれた「雄勝石」が使われている。この雄勝石は、ペルム紀の海底の粘土や泥の地層が圧縮されてできた粘板岩（スレート）で、黒く緻密ながらうすくはげやすく、切りだしやすいのが特徴だ。

雄勝石

雄勝石は南部北上帯（紫色の部分）の岩石。

## 仏ヶ浦の奇岩 3巻

写真:下北ジオパーク推進協議会

AREA
仏ヶ浦
（青森県）
緑色凝灰岩

写真:竹下光士

### 海底火山が起源の巨岩群

青森県北部、下北半島の仏ヶ浦の海岸ぞいには巨岩がそびえ立っています。これは海底火山から噴出した火山灰が海底で固まってできた岩石です。変質して緑っぽい色をしているので、「緑色凝灰岩*」とよばれます。この岩石が、のちに隆起し、風雨や波によってけずられて今のすがたになりました。

*仏ヶ浦の緑色凝灰岩は、約400万年前の噴火によってできたので「グリーンタフ」とはよばない。

## 岩井崎のサンゴ化石 6巻

AREA
岩井崎
（宮城県）
サンゴの化石

写真:関 博充　写真:竹下光士

### 赤道から来た古生代の地層

あたたかい海にいるサンゴの化石が、なぜ東北地方にあるのでしょうか？　じつはこの地層がある地域は、ペルム紀には赤道付近にありました。あたたかい海の生き物の死がいを堆積させながら、プレートにのって東北地方までたどりついたのです。岩井崎の石灰岩には、サンゴのほかにウミユリやウニのなかまの化石がふくまれています。

出典:高木秀雄監修『CG細密イラスト版 地形・地質で読み解く日本列島5億年史』（宝島社・2020）

# 列島の境界となる関東と中部

大陸起源の岩石をふくむ地質体に代表される関東・中部地方の大地。
中生代の付加体、折れまがった中央構造線に特徴がある。

ポイント1
大陸だった時代の岩石からなる。
飛騨―隠岐帯
3巻
おもに中生代の花崗岩からなり、飛騨地方から隠岐諸島にかけて分布する。
秋吉帯+舞鶴帯
ペルム紀の付加体と堆積岩、そして花崗岩からなる。関東から熊本県まで帯状に続く。
丹波―美濃―足尾帯
中生代ジュラ紀の付加体。新潟県から兵庫県にかけて分布する。
飛騨外縁帯
オルドビス紀～三畳紀の堆積岩と変成岩からなる。飛騨帯を取りまくように分布する。
ポイント2
中央構造線がハの字に曲がっている。
糸魚川―静岡構造線
新潟県から静岡県にかけて走る大規模な断層。
中央構造線
安康露頭
茨城県から熊本県まで続くと考えられている1000km以上の断層。


## 関東・中部の地質体と火山フロント

関東・中部は、東北日本と西南日本が出会う場所にあたる。

### 大陸起源の日本最古の鉱物

能登半島をふくむ地質体、飛騨帯（黄色の部分）からは、日本最古の鉱物が見つかりました。まだ日本列島が大陸の一部だったころの痕跡がたくさん残されています。また、中央構造線がハの字に曲がっているのは、1500万年前から始まった、伊豆弧の衝突（p.30）によるものと考えられています。

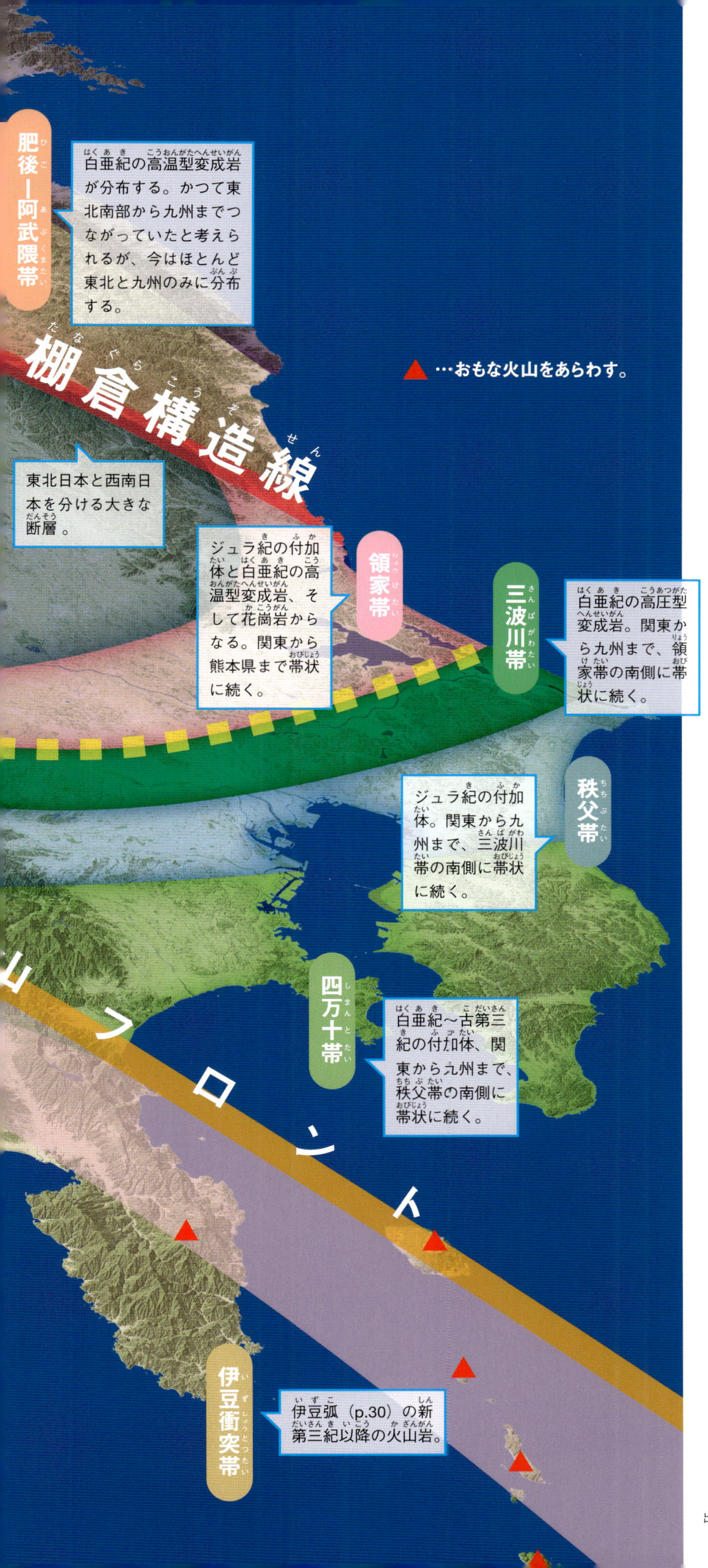

肥後ー阿武隈帯
白亜紀の高温型変成岩が分布する。かつて東北南部から九州までつながっていたと考えられるが、今はほとんど東北と九州のみに分布する。
棚倉構造線
▲…おもな火山をあらわす。
東北日本と西南日本を分ける大きな断層。
ジュラ紀の付加体と白亜紀の高温型変成岩、そして花崗岩からなる。関東から熊本県まで帯状に続く。
領家帯
三波川帯
白亜紀の高圧型変成岩。関東から九州まで、領家帯の南側に帯状に続く。
秩父帯
ジュラ紀の付加体。関東から九州まで、三波川帯の南側に帯状に続く。
四万十帯
白亜紀〜古第三紀の付加体、関東から九州まで、秩父帯の南側に帯状に続く。
ムフロント
伊豆衝突帯
伊豆弧（p.30）の新第三紀以降の火山岩。




## 日本最古の鉱物「ジルコン」 5巻

ジルコン
写真:石橋 隆
花崗岩


写真:堤 之恭

### 37億5000万年前の鉱物

日本で見つかっている最古の鉱物は、37億5000万年前のジルコンです。富山県黒部市の宇奈月温泉の近くで、花崗岩の中から発見されました。花崗岩はジュラ紀にマグマが冷え固まってできましたが、岩石の中にとりこまれたジルコンの粒は熱で若がえることなく残っていたのです。これほど古い時代のジルコンをふくむ岩石は少ないので、日本列島誕生の謎をとくかぎになりそうです。

## 中央構造線が見られる安康露頭 3巻

AREA
安康露頭
（長野県）

中央構造線


写真:竹下光士

### 巨大な横ずれ断層

中央構造線は「西南日本の背骨」ともよばれる、全長1000kmの断層で、関東山地の北縁から、中部、紀伊半島、四国を貫き、九州中部まで続いています。この中央構造線を境に地質は大きくかわり、日本列島の日本海側を「内帯」、太平洋側を「外帯」とよびます。長野県南部、大鹿村にある「安康露頭」では、中央構造線（上の写真の黄色の線）を見ることができます。

出典:高木秀雄監修『CG細密イラスト版 地形・地質で読み解く日本列島5億年史』（宝島社・2020）

# 付加体が発達する西日本

近畿・中国・四国地方は、古生代から新生代の付加体が特徴。
中央構造線をはさみながらさまざまな時代の付加体が大地をつくる。

## 近畿・中国・四国の地質体と火山フロント

古生代から新生代にできた付加体が北から南へ帯状に広がる。

### 貴重な古生代の地層

西日本は、古生代の付加体として3億〜2億5000万年前の秋吉帯（空色の部分）が広く分布していることが特徴です。日本列島の地層は、大部分が付加体とその上の堆積岩なので、古生代の付加体は日本列島の歴史を考えるうえで貴重なのです。また中生代の付加体もあり、太平洋側にいくほど年代が新しくなっていきます。

もっとも新しい新生代の付加体は、四万十帯（黄緑色の部分）の南側に分布し、紀伊半島や四国の南の端の地域で見られます。

ポイント 1
古生代の付加体がある。
秋吉台
秋吉帯
ペルム紀の付加体。おもに山口県に分布する。石灰岩地域ではカルスト地形が発達する。
周防帯
三畳紀〜ジュラ紀の高圧型変成岩からなる。山口県から九州北部に分布する。
火山フロント
中央構
三波川帯
白亜紀の高圧型変成岩。関東から九州まで、領家帯の南側に帯状に続く。
肥後ー阿武隈帯
白亜紀の高温型変成岩からなる。かつて東北南部から九州までつながっていたと考えられるが、今はほとんど東北と九州のみに分布する。
秩父帯
ジュラ紀の付加体。関東から九州・沖縄まで、三波川帯の南側に帯状に続く。
白亜紀〜古第三紀の付加体、関東から九州・沖縄まで、秩父帯の南側に帯状に続く。
四万十帯
▲…おもな火山をあらわす。

## 秋吉台のカルスト台地 3巻

AREA
秋吉台
（山口県）

地表からたくさんの石灰岩の石柱が顔を出している。

写真:竹下光士

### ルーツは古生代のサンゴ礁

山口県の西部、美祢市の中東部に広がる秋吉台は、日本最大級のカルスト台地です。カルスト地形は、石灰岩が雨水に侵食されてできます。この石灰岩は、3億年前の熱帯の海でできたサンゴ礁が、プレートの運動によって運ばれ、隆起したものです。またその地下には石灰石がとけてできた鍾乳洞が453もあり、なかでも広さ日本一をほこる「秋芳洞」は有名です。

**飛騨ー隠岐帯**

古生代の変成岩と、おもに中生代の花崗岩からなり、飛騨地方から隠岐諸島にかけて分布する。

**丹波ー美濃ー足尾帯**

中生代ジュラ紀の付加体。新潟県から兵庫県にかけて分布する。

**舞鶴帯**

ペルム紀～三畳紀の堆積岩と苦鉄質～超苦鉄質岩。京都府から広島県にかけて分布する。

**超丹波帯**

ペルム紀～三畳紀の付加体。近畿地方北部から中国地方東部に分布する。

**領家帯**

ジュラ紀の付加体と白亜紀の高温型変成岩、そして花崗岩からなる。関東から熊本県まで帯状に続く。

ポイント2 中生代の付加体がある。

ポイント3 新生代の付加体がある。

造　線

## フェニックス褶曲 3巻

写真:高木秀雄

AREA
すさみ町
（和歌山県）

和歌山県すさみ町にある「フェニックス褶曲」とよばれる地層。海底でできた地層が固まりきる前に褶曲したと考えられている。

### 新生代のダイナミックな付加体

海底に砂や泥が堆積してできる地層は水平に重なっていきます。ですから、特別なことが起こらなければ、パイ生地を1枚ずつ重ねてつくるお菓子「ミルフィーユ」のように地層はできます。ところが、海底堆積物をのせた海洋プレートは動いていて、日本列島の近くでは大陸プレートにぶつかっています。そのような場所で海洋プレートが沈みこむときに、地層がおしまげられて褶曲するのです。和歌山県すさみ町の海岸では、褶曲のあと、さらに地上にあらわれた「フェニックス褶曲」を見ることができます。

出典:高木秀雄監修『CG細密イラスト版 地形・地質で読み解く日本列島5億年史』(宝島社・2020)

# 地質体が続いている九州と沖縄

巨大カルデラがもたらした火山灰におおわれた九州。
九州と沖縄の大地は、関東から連なる共通の地質体からなる。

## 火山灰の九州、石灰岩の沖縄

九州と沖縄は、関東から続く地質体が、折れまがりながらもつながっています。日本列島をおおうほどの火山灰をはきだした巨大カルデラ*は、すべて九州にあります。そのため九州では、とても厚い火山灰の層がその地質体の上をおおい、沖縄では地質体の上にサンゴ礁からできた琉球石灰岩がのっています。

*火山の噴火でできた直径1kmをはるかにこえるくぼ地のこと。

## 新しい時代の石灰岩 4巻

AREA
万座毛
(沖縄県)

写真:竹下光士

### 沖縄で育ったサンゴ礁からできた

岩井崎（p.37）や秋吉台（p.41）の石灰岩は、3億5000万～2億5000万年前の古生代に、赤道にあったサンゴや海の生き物の死がいが固まり、プレートによってはるばる運ばれてきたものでした。いっぽう、沖縄の琉球石灰岩は、170万～50万年前に、沖縄で育ったサンゴ礁が隆起してできたものです。

沖縄本島中部にある「万座毛」は、東シナ海をのぞむ琉球石灰岩でできた断崖です。

## 巨大な阿蘇カルデラ 2巻

AREA
草千里ヶ浜
(熊本県)

写真:竹下光士

### 9万年前の大噴火で完成

九州の中央部にある阿蘇カルデラは、南北25km、東西18kmのゆがんだ楕円形をしています。カルデラとは、とても大きな噴火によってできるくぼ地のことです。阿蘇山の4回の噴火により、巨大なカルデラができたと考えられています。

阿蘇カルデラの中に位置する草千里ヶ浜は、その名のとおり草原が広がっています。写真の奥には今も噴煙を上げる阿蘇中岳をのぞむことができます。

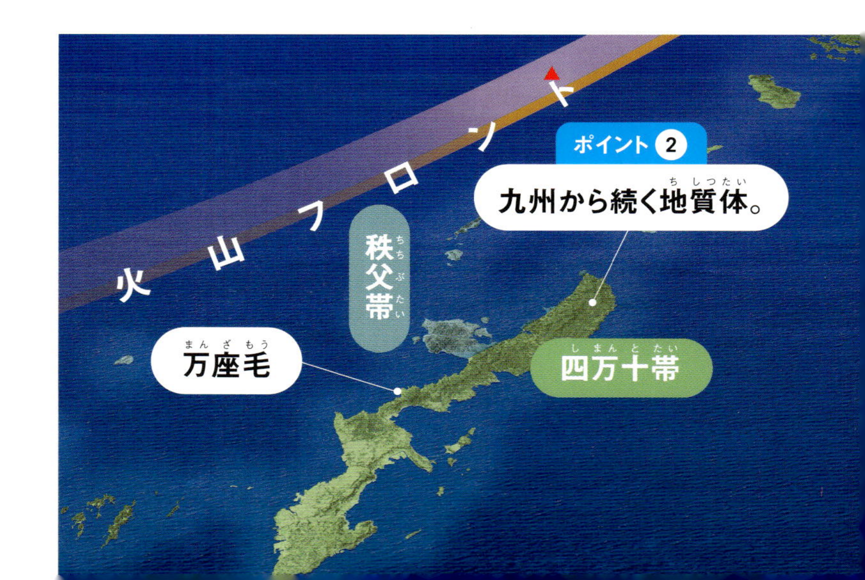
火山フロント
ポイント2
九州から続く地質体。
秩父帯
万座毛
四万十帯

# 九州・沖縄の地質体と火山フロント

**九州の火山フロントは
横しまもようの地質体とななめに交わり、
沖縄の北側の海を走る。**



**飛騨外縁帯**
オルドビス紀〜三畳紀の堆積岩と変成岩からなる。飛騨帯をとりまくように分布する。

**周防帯**
三畳紀〜ジュラ紀の高圧型変成岩。山口県から九州北部に分布する。

**秋吉帯**
ペルム紀の付加体。おもに山口県に分布する。石灰岩地域ではカルスト地形が発達する。

**肥後−阿武隈帯**
白亜紀の高温型変成岩からなる。かつて東北南部から九州までつながっていたと考えられるが、今はほとんど東北と九州のみに分布する。

ポイント1
**巨大カルデラがある。**

**草千里ヶ浜**

**領家帯**
ジュラ紀の付加体と白亜紀の高温型変成岩、そして花崗岩からなる。関東から熊本県まで帯状に続く。

**秩父帯**
ジュラ紀の付加体。関東から九州・沖縄まで、三波川帯の南側に帯状に続く。

**三波川帯**
白亜紀の高圧型変成岩。関東から九州まで、領家帯の南側に帯状に続く。

**四万十帯**
白亜紀〜古第三紀の付加体。関東から九州・沖縄まで、秩父帯の南側に帯状に続く。

**火山フロント**

▲…おもな火山をあらわす。

ふだんは
あまり気にしないけれど、
大地はつながって
いるんだね。

いろんな場所の
地質体を
調べてみたいな。

出典:高木秀雄監修『CG細密イラスト版 地形・地質で読み解く日本列島5億年史』(宝島社・2020)

インフォメーション
Information

日本を代表するジオ・スポット！

# ユネスコ世界ジオパーク・ガイド

日本の地質や岩石を楽しむことができる国内のジオパークは46か所ある。
そのなかから国際的に価値のある地質遺産として認定された10か所を紹介する。

## 1 アポイ岳ユネスコ世界ジオパーク

AREA アポイ岳（北海道）

写真:竹下光士

日本でもっとも早い時期から高山植物の広がる花畑を楽しめる。

### マントルでできた山に登る

マントル由来のかんらん岩や高山植物にふれたり、アイヌ文化をはじめとした地域の歴史を学んだりすることができる。

**◉ 様似町アポイ岳ジオパーク推進協議会**
**住所**:北海道様似郡様似町大通1-21様似町役場内
**電話**:0146-36-2120

## 2 洞爺湖有珠山ユネスコ世界ジオパーク

AREA 洞爺湖 有珠山（北海道）

写真:洞爺湖有珠山ジオパーク

カルデラ湖の洞爺湖の周辺には温泉もあり、火山の恵みを感じられる。

### 生まれたての火山が見られる

ここでは活火山のすぐ近くに古くから人びとがくらしてきた。1944～1945年に生まれた昭和新山や、噴火の被害のようすを残した災害遺構などがある。

**◉ 洞爺湖有珠山ジオパーク推進協議会**
**住所**:北海道虻田郡洞爺湖町洞爺湖温泉142 洞爺湖観光情報センター内
**電話**:0142-82-3663

## 3 伊豆半島ユネスコ世界ジオパーク

AREA 伊豆半島（静岡県）

写真:竹下光士

軽石や火山灰の美しい地層が見られる恵比須島。橋でわたれる。

### 火山がつくった地形のデパート

100万年前から日本列島に衝突しつづける火山列がつくりだした、美しい滝や千畳敷など、さまざまな地形を見ることができる。

**◉ （一社）美しい伊豆創造センター**
**住所**:静岡県伊豆市修善寺838-1 修善寺総合会館内
**電話**:0558-72-0520

## 4 糸魚川ユネスコ世界ジオパーク

AREA 糸魚川（新潟県）

写真:糸魚川ジオパーク協議会

親不知海岸。宝石になる良質なひすいが多く産出する。

### 世界最古のひすいの産地を訪ねる

糸魚川のひすいは5億2000万年前にできたもので、世界最古とされている。海岸を散策しながら拾うこともできる。

**◉ 糸魚川ジオパーク協議会**
**住所**:新潟県糸魚川市一の宮1-2-5 糸魚川市役所ジオパーク推進室内
**電話**:025-552-1511

## 5 白山手取川ユネスコ世界ジオパーク

AREA 白山市（石川県）

写真:白山手取川ジオパーク推進協議会

32mの高さから落ちる手取峡谷の綿ヶ滝は迫力満点。

### 恐竜化石と出会う

ここでは、3億年前の恐竜や植物の化石が見つかっている。化石発掘体験もできる。

**◉ 白山手取川ジオパーク推進協議会**
**住所**:石川県白山市倉光2-1 白山市役所ジオパーク·エコパーク推進室内
**電話**:076-274-9564

## 6 山陰海岸ユネスコ世界ジオパーク

AREA 山陰海岸（京都府・兵庫県・鳥取県）

写真:竹下光士

溶岩が冷え固まってできた柱の形「柱状節理」がみごと。

### 柱状節理の巨大な洞に圧倒される

地磁気逆転発見の地である玄武洞のほか、リアス海岸や鳥取砂丘などさまざまな地形が見られる。

**◉ 山陰海岸ジオパーク推進協議会事務局**
**住所**:兵庫県豊岡市幸町7-11 兵庫県豊岡総合庁舎内
**電話**:0796-26-3783

## 7 室戸ユネスコ世界ジオパーク

AREA
**室戸**
（高知県）

写真:竹下光士

砂や泥をふくんだ海水の流れによって堆積した地層タービダイト。

### ダイナミックな地殻変動を感じる

室戸岬は100～150年周期で起こる南海トラフ巨大地震のたびに隆起している。メランジュ、タービダイトなど地殻変動の歴史を感じられる見どころがたくさんある。

◉ **室戸世界ジオパークセンター**
**住所**:高知県室戸市室戸岬町1810-2
**電話**:0887-22-5161

## 8 隠岐ユネスコ世界ジオパーク

AREA
**隠岐**
（島根県）

写真:竹下光士

荒波によってつくりだされた自然の岩のアーチ「通天橋」。

### カルデラの火山島を訪ねる

600万年前に起きた大噴火でできたカルデラの火山島をふくむ島じまと、海からなるジオパーク。独自の生態系も特徴。

◉ **隠岐ジオパーク推進機構**
**住所**:島根県隠岐郡隠岐の島町中町目貫の四61
**電話**:085ˉ2-3-1321

## 9 阿蘇ユネスコ世界ジオパーク

AREA
**阿蘇**
（熊本県）

写真:竹下光士

噴煙をあげる阿蘇中岳と、阿蘇カルデラの中に広がるまち。

### 世界最大級のカルデラに飛びこむ

広さは350㎢、中にはまちがあり鉄道も通っている阿蘇カルデラ。火山活動を感じる景観と、火山との共生で生まれた文化が特徴。

◉ **阿蘇ジオパーク推進協議会事務局**
**住所**:熊本県阿蘇市一の宮町宮地4607-1 阿蘇地域振興デザインセンター内
**電話**:0967-34-2089

## 10 島原半島ユネスコ世界ジオパーク

AREA
**島原半島**
（長崎県）

写真:島原半島ジオパーク協議会

溶岩ドームは「平成新山」と命名。山麓には、島原市のまちなみが広がる。

### 迫力ある雲仙岳と噴火災害を学ぶ

1990～1995年の普賢岳噴火では溶岩ドームをつくり火砕流や土石流を発生させた。噴火当時の災害遺構を学べる。

◉ **島原半島ジオパーク協議会**
**住所**:長崎県島原市平成町1-1 がまだすドーム内
**電話**:0957-65-5540

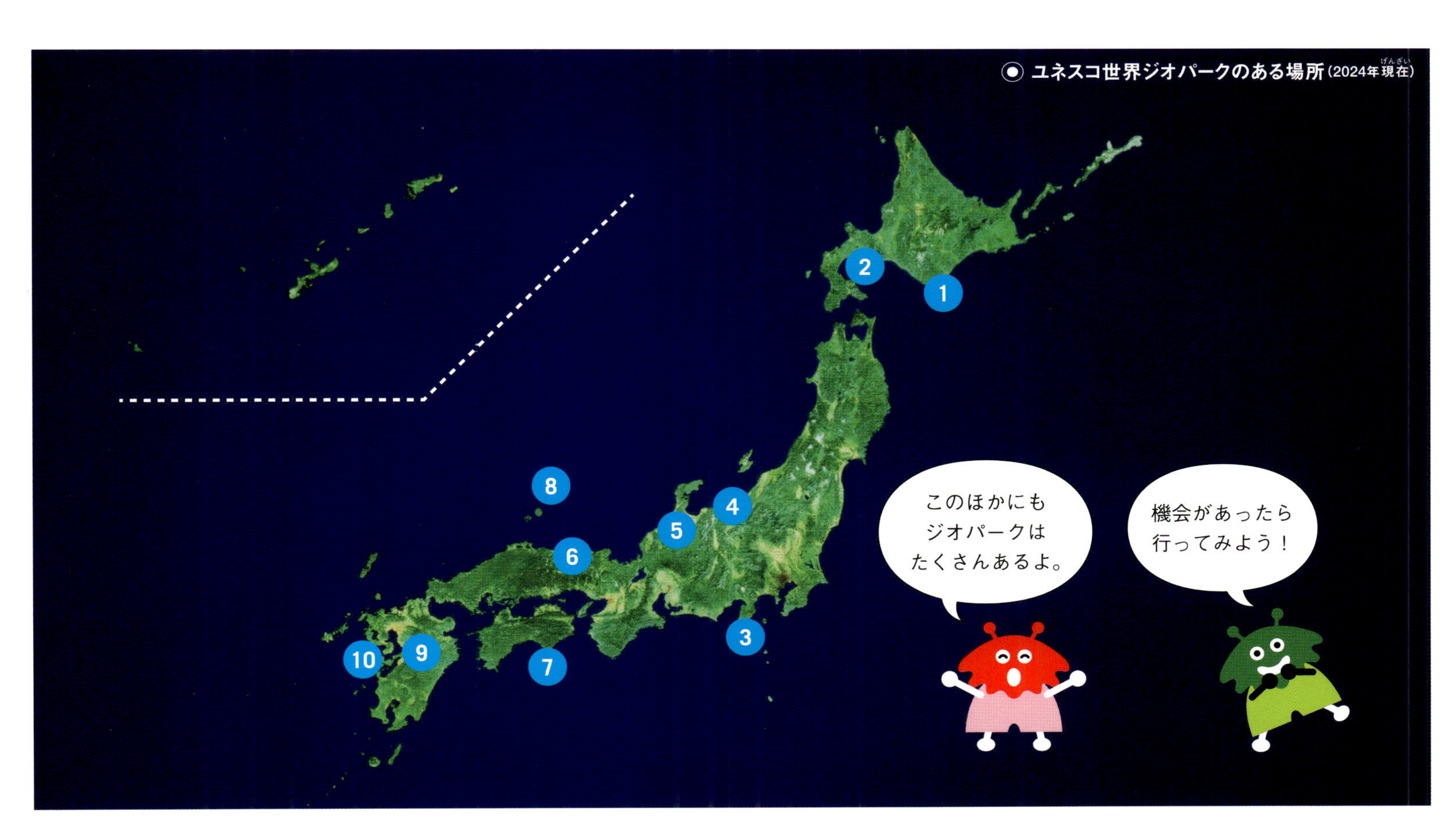
◉ ユネスコ世界ジオパークのある場所（2024年現在）
1
2
3
4
5
6
7
8
9
10
このほかにもジオパークはたくさんあるよ。
機会があったら行ってみよう！

# さくいん

監修：高木秀雄（たかぎ ひでお）

早稲田大学 教育・総合科学学術院 教授。博士（理学、名古屋大学）。専門：構造地質学。1955年生まれ。東京都世田谷区出身。千葉大学理学部地学科卒業。名古屋大学大学院理学研究科博士前期課程修了。英国ロンドン大学Royal Holloway and Bedford New Collegeにて訪問研究員。日本地質学会ジオパーク支援委員会委員などを務める。著書に『年代でみる 日本の地質と地形』（誠文堂新光社）、『三陸にジオパークを』（早稲田大学出版部）、監修書に『CG細密イラスト版 地形・地質で読み解く 日本列島5億年史』（宝島社）など多数。

**取材協力（五十音順）**
奇石博物館、北垣俊明、国立科学博物館

**写真画像提供（五十音順）**
石橋 隆、糸魚川ジオパーク協議会、蒲郡市生命の海科学館、気象庁、地震調査研究推進本部、島原半島ジオパーク協議会、下北ジオパーク推進協議会、関 博充、高木秀雄、ソニーグループ株式会社、竹下光士、堤 之恭、同志社大学、洞爺湖有珠山ジオパーク、西本昌司、株式会社タカラトミー、白山手取川ジオパーク推進協議会、平塚兼右、宮本英樹、amanaimages、Jon Augier、JAXA、NASA、iStock 、PIXTA、Shutterstock

**おもな参考文献（順不同）**

高木秀雄監修『CG細密イラスト版 地形・地質で読み解く日本列島5億年史』（宝島社）
高木秀雄著『年代で見る 日本の地質と地形』（誠文堂新光社）
西本昌司著『観察を楽しむ 特徴がわかる 岩石図鑑』（ナツメ社）
藤岡換太郎著『三つの石で地球がわかる』（講談社）
木村 学・大木勇人著『図解・プレートテクトニクス入門』（講談社）
木村 学・藤原 治・森田澄人監修『CG細密イラスト版 日本列島2500万年史』（洋泉社）
廣瀬 敬著『地球の中身』（講談社）
田近英一監修『新版 地球・生命の大進化』（新星出版社）
小泉宏之著『人類がもっと遠い宇宙へ行くためのロケット入門』（インプレス）

日本列島5億年の旅

大地のビジュアル大図鑑 1

# 地球の中の 日本列島

発行　　2024年11月　第1刷

**装丁・デザイン**
矢部夕紀子（ROOST Inc.）
**DTP**
狩野蒼（ROOST Inc.）
**イラスト**
マカベアキオ、木下真一郎
**文**
田端萌子
**校正**
株式会社文字工房燦光
**協力**
鈴木有一（株式会社アマナ）
**編集**
室橋織江
栗栖美樹
畠山泰英（株式会社キウイラボ）

監修：高木秀雄（たかぎ ひでお）
発行者：加藤裕樹
編集：原田哲郎
発行所：株式会社ポプラ社
〒141-8210
東京都品川区西五反田3丁目5番8号　JR目黒MARCビル12階
ホームページ：www.poplar.co.jp（ポプラ社）　kodomottolab.poplar.co.jp（こどもっとラボ）
印刷・製本：瞬報社写真印刷株式会社

ISBN978-4-591-18289-5/N.D.C.455/47P/29cm

日本列島5億年の旅

# 大地のビジュアル大図鑑

全6巻

N.D.C.450

1. 地球の中の日本列島　監修：高木秀雄　N.D.C.455
2. 地球は生きている 火山と地震　監修（火山）：萬年一剛　監修（地震）：後藤忠徳　N.D.C.453
3. 時をきざむ地層　監修：高木秀雄　N.D.C.456
4. 大地をつくる岩石　監修：西本昌司　N.D.C.458
5. 大地をいろどる鉱物　文・監修：西本昌司　N.D.C.459
6. 大地にねむる化石　文・監修：田中康平　N.D.C.457

小学校高学年～中学向き

- B4 変型判　・各47ページ
- 図書館用特別堅牢製本図書